上海大学出版社

2005年上海大学博士学位论文 64

基于网络整定的控制系统中网络诱导延时的分析及解决方法研究

● 作 者: 李 力 雄

● 专 业: 控 制 理 论 与 控 制 工 程

● 导 师: 费 敏 锐

Shanghai University Doctoral Dissertation (2005)

Analysis and Solution for Network-induced Delays in Networked Tuning Based Control Systems

Candidate: Li Lixiong

Major: Control Theory and Control Engineering

Supervisor: Fei Minrui

Shanghai University Press

• Shanghai •

摘 要

随着信息技术的不断成熟与发展,通信网络作为传输媒介被广泛用于各种控制系统中,在传统网络控制系统中,控制回路通过以现场总线为代表的各种专用控制网络形成闭环.网络控制系统的出现,为自动化系统提供了一种先进、高效的底层通信与控制手段.同时,随着被控对象复杂度以及控制要求的不断提高,许多学者提出了各种类型的先进控制算法,其中包含针对被控对象的复杂辨识算法和针对控制器的参数整定算法,并利用参数估计、辨识获得的结果完成控制器参数的在线修正,这种方法在学术界获得了很高程度的认同.但由于底层控制器的计算资源有限,难以完成复杂的辨识和整定算法,这是先进控制算法在实际应用中的瓶颈之一.

于是,作者在传统的网络控制的基础上,创新性地提出了基于网络整定的控制系统的思想,即利用通信网络上远程整定单元的计算资源完成复杂的整定算法,并实现本地控制器参数的在线修正,从而实现整定回路的网络闭环.由此,本地控制器得以可靠地完成简单的控制任务,而复杂的参数估计、辨识任务则由连接于通信网络之上的远程整定单元实现,这对解决先进控制的实际应用瓶颈具有重要的价值.

作者的主要目的是研究基于网络整定的控制系统之中,网络传输的不确定现象对于辨识、整定算法和控制算法的影响,并进一步探索使用通信网络对于系统控制性能和收敛性的影响，最后提出相应的解决方案来保证系统的稳定性及提高控制性能. 具体研究成果如下：

首先，提出了基于网络整定的控制系统的新概念. 在此基础上，从通信和控制角度研究了闭合其整定回路的通信网络所存在的主要不确定现象——网络诱导延时的各种性质，分析了网络诱导延时的组成成分和诱发延时的主要因素，即通信协议和控制设备，为研究网络诱导延时对于系统性能和稳定性的影响提供基础. 此外，根据远程整定单元对于通信网络中数据传输次序的敏感程度，把整定算法分为静态和动态两种类型分别进行研究.

第二，采用连接于通信网络之上的远程整定单元在线修正本地控制器的参数，提出并构建了采用静态整定算法的基于网络整定的类PD型模糊控制系统，其中本地控制器完成简单的控制信号计算和输出，而参数整定过程在远程整定单元中实现. 针对整定回路中的网络诱导延时，构建了由延时引发的性能下降函数，提出了定量分析延时对于系统控制品质影响的方法. 另外，在性能下降函数的基础上，提出并建立了最大可容许延时和最大性能下降的概念，为基于网络整定的控制系统的分析与设计提供了一种简单、可行的途径.

第三，针对经典的自适应控制系统包含内环和外环，借助通信网络实现外环（整定回路）内的信息传输，使得辨识（参数估计）过程经由通信网络闭环，由此提出并构建了一种采用动态整定（辨识）算法的网络整定控制系统—基于网络辨识的自适应控制系统，其中远程整定单元（即辨识器或参数估计器）完成对象参数的辨识或估计，而本地控制器根据辨识获得的参数产生控制信号. 通过大量实验表明,随机时变的网络诱导延时可能导致控制系统参数估计不收敛以致控制系统输出不收敛.

第四,针对基于网络辨识的自适应控制系统中数据传输的错序问题,提出了辨识器端和控制器端产生数据错序的判断方法,在此基础之上利用时间标签和缓冲器技术提出了一种放大随机时变延时至固定最大延时的解决方案(解决方案Ⅰ)和改进的缓冲器法(解决方案Ⅱ),并在理论上严格证明了控制系统的输出收敛性. 随后,针对通信品质和控制品质相互关联的特点,在解决方案Ⅰ基础之上,进一步提出了综合考虑通信品质和控制品质的主动丢包法(解决方案Ⅲ),提升了系统的控制品质和实用性,仿真结果也验证了其有效性.

最后,在基于网络辨识的自适应控制系统基础之上,针对仿射非线性对象,进一步提出和构建了基于网络辨识的自适应模糊控制系统,并理论证明了解决方案Ⅰ同样能够保证其输出收敛性. 由此表明作者提出的解决方案对于考虑不同类型被控对象、采用不同的整定(辨识)算法的一般系统仍然有效,并进一步说明了基于网络整定的控制系统的可行性和所提出的解决方案的泛化性.

关键词 通信网络,网络诱导延时,错序,丢包,模糊控制,自适应控制,收敛性

Abstract

With the advent and rapid development of information technologies, communication networks are being used as popular transmission medium in control systems. In traditional networked control systems (NCSs), control loop is closed through special control networks with different incarnations: DeviceNet, ControlNet, Profibus, Modbus, etc. The emergency of NCSs provides a novel and effective way to implement device level communication and control.

In the meantime, plenty of advanced control strategies with identification or tuning algorithms are presented to realize the control of complex objects. Therefore, the controller can automatically adapt itself to retain control performance as the controlled plant is under changes. This technique has been well-accepted in academic area. But in real applications, the complicated tuning algorithms can not be carried out with limited computation resources in device level controller. This problem is the major obstacle for the feasible implementation of advanced control strategies in real applications.

In this paper, a new control system framework, defined as Networked Tuning based Control Systems (NTCS), is first presented to remove above obstacle. Its defining feature is a tuning loop consisting local controller and remote computational and tuning device, and this loop is closed through communication networks. Obviously, the insertion of network can offer modularity and flexibility in practical applications. More importantly, the controller is developed with the ability to communicate to remote tuning device through networks. Thus, the remote tuning device can handle very complex tasks such as online parameter estimation for the controller while the local controller can be simple and cheap enough to only do limited work.

Local controller and remote computational and tuning device are connected through communication network in NTCSs. Hence, the non-deterministic phenomena such as network-induced delays are inevitable during data transmission, and will deteriorate the real-time transmission of tuning result from tuning device to controller and even destabilize the entire system. This paper aims to study network-induced delays' influence on control systems and what we can do to relieve this influence, guarantee system stability and improve control quality.

First of all, network-induced delay, which is the most important non-deterministic phenomena, is studied. The sources of delays including communication protocols and control devices are discussed and the possibility of reducing all delays into an equivalent delay is proposed. Moreover, the criteria to choose suitable communication protocol and control device in NTCSs are presented. In general cases, clock-driven local controller and event-driven remote tuning device connected by Ethernet is a good option in real applications.

Then, networked tuning based quasi-fuzzy control system is established where the parameter self-tuning is implemented by remote tuning device and the tuning results are used by the local controller to compute control signal. Here, he tuning algorithm belongs to static algorithm, and all delays in the tuning loop can be lumped into an equivalent round-trip delay. Then, the performance degradation function is presented to measure the performance degradation caused by network-induced delays. Moreover, the maximum allowable delay can be given by maximum allowable performance degradation. This method makes it possible for the control engineers to design suitable NTCSs.

Next, a class of adaptive control systems that called networked identification (parameter esitmation) based adaptive control system is to be studied, in which the tuning loop (identification loop) in the adaptive control system is closed through communication network. The identification loop is composed of a remote tuning device (identifier) and a local controller, where the remote identifier estimates the parameters of the plant and these estimates are provided to the local controller to implement the control law. Hence, it is a typical incarnation of NTCS with dynamic tuning algorithm. Clearly, the network-induced delays caused by the communication network are inevitable and randomly time-varying in general. And the delay between controller and identifier can make a mess the transmitted data package sequences which may deteriorate the control performance even destabilize the system.

Obviously, the randomly time-varying delay and following packet-reordering are crucial to the networked identification based adaptive control systems. So the conditions for happening packet re-ordering both at the identifier and controller are discussed. And a method using the concept of fixed maximum delay is presented to avoid this problem. The time-stamping and buffers are necessary to implement this method. Moreover, the adaptive system is proven to be convergent if such a method is to be used. After that, in order to improve the performance and simplify the system, two modified methods are further proposed and the simulation results verify their validity and practicability.

Finally, a networked identification based adaptive fuzzy control system is established for a class of nonlinear affine objects. And the method of fixed maximum delay is used to tackle the problem of packet reordering induced by commutation networks. Similar to previous case, the adaptive fuzzy system is proven to be convergent if such a method is to be used.

Key words communication network, network-induced delay, packet re-ordering, packet loss, fuzzy control, adaptive control, convergence

目　录

第一章 绪 论

1.1 通信网络在控制系统中的应用概况

随着控制系统规模的日益扩大、复杂程度的不断提高，在工业现场，传感器、控制器、执行器的数目不断增长. 原先这些控制设备之间采用点对点连接，但这种连接方式所需要的连接电缆与设备数的平方成正比，当设备较多时，布线复杂且难以维护. 自上世纪 80 年代以来，计算机网络技术和通信技术有了飞速发展，采用串行通信网络把不同的计算机（设备）进行连接并实现实时通信已是轻而易举，于是人们开始考虑在控制系统中引入“通信总线（网络）”的可能性[1]. 特别是随着近年来计算机网络的不断普及，相关设备成本逐渐下降，网络传输能力的普遍提高和网络资源的极大丰富，使网络概念和方式被越来越多地渗透到控制领域，其中较为典型的是现场总线控制（Fieldbus Control）、基于 PC 的控制（PC-based Control，主要采用以太网组建），甚至还有基于 Internet 的远程控制（Internet-based Remote Control）. 人们把这种控制回路通过通信网络闭环的控制系统称为网络控制系统[2, 3]（Networked Control Systems，简称为 NCSs），其结构见图 1－1. 显然，具有计算及通信能力的传感器、控制器和执行器是构建网络控制系统的技术基础.

可见，计算机网络技术在控制领域的应用，为控制系统注入了新的活力. 可以说，网络控制系统是计算机控制系统的更高发展. 在技术层面上，这些基于网络的控制方式通信速率高、布线方便、系统组建和组态灵活、网络资源分散并共享，尤其适于复杂对象的控制[4]；而在经济效益层面上，这种控制方式可以大大节省相关的安装、调试、

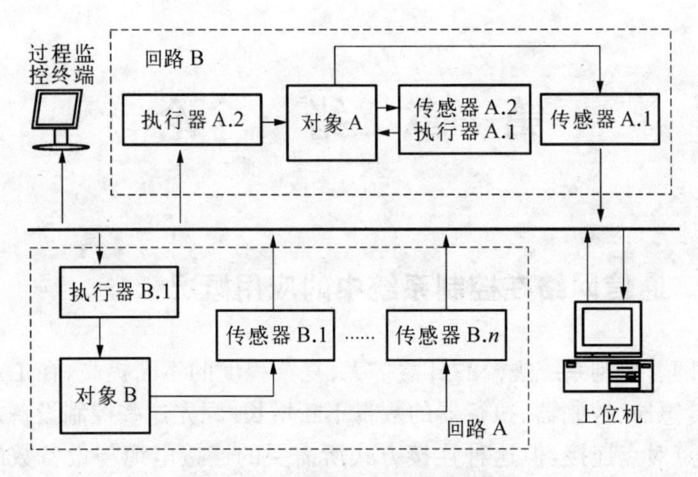

图 1-1 网络控制系统结构图

组态和维护的时间及费用，而且这种网络控制方式可以方便地实现与企业管理信息系统(MIS)或企业资源计划系统(ERP)的无缝连接，无疑可以提升企业的生产经营效率和灵活性，甚至可以改变企业的经营管理方式[5]. 例如在现代工业企业中，利用网络控制技术在生产现场建立高度集成的自动化控制和信息网络平台，不仅可以及时、准确地采集和传递各种数据，确保对生产过程的精确控制，还能有效地解决与外部网络通信问题，将生产和管理联网. 这样，企业能够及时获得第一手生产数据，从而高效地、低成本地建立、实施和调整生产活动. 同时，这将有利于企业对生产人员和生产过程的管理，从而充分挖掘提高效率和降低成本的潜力.

近 20 年来，网络控制的概念被广泛应用于汽车、智能楼宇、大规模制造系统、智能高速公路交通系统、城市公用设施及企业供应和物流链之中[4, 6, 7]，充分体现了网络控制的巨大优势. 由此，国内外相关的自动化设备制造和集成企业纷纷开发出相应的软硬件产品以符合客户对网络控制的迫切需求，例如：

■ 澳大利亚悉雅特公司[8]认为先进的自动化系统必须支持世界上所有通信路由和方式，因此其产品一般都能与各种流行的通信网络连接以实现网络控制方式.

■ 德国倍福电气有限公司[9]尤其重视控制设备向 IT 产品发展的趋势,其产品以工业以太网为主流,并支持各种流行的现场总线协议.

■ 美国罗克韦尔公司[10]开发了控制信息协议(CIP),采用 Rockwell 的"生产者/消费者"模型代替传统的源/地址型模型,并在此基础上形成了 DeviceNet-ControlNet-Ethernet/IP 三层网络结构作为网络控制系统的解决方案. Rockwell 曾针对传统的 I/O 设备和具有网络连接能力的 I/O 设备所构建的系统的性能和价格进行过比较[11],对于一套 120 个节点的系统,传统的设备单价低廉,但需要量大. 而网络设备随着 IT 业的发展,单价与传统相比并不是很高,但需要量下降了许多,因此网络控制方案的总体估价仅仅是前者的三分之一. 更为重要的是,后者具有很强的拓展能力,以后进一步添加设备时候,易于实现且不需要改变系统结构. Rockwell 利用网络控制方案对著名聚酯树脂生产企业 Scott Bader 进行自动化改造,采用基于 DeviceNet 的 PC-based 控制器并通过 Ethernet 与企业的局域网连接进行管理,两年就收回了投资[12].

1.2 基于网络整定的控制系统

在网络控制系统被不断扩大应用的同时,为了克服传统控制策略的不足以求获得更好的控制效果,各种先进控制策略应运而生. 特别是计算机软硬件技术的发展,使计算机在工业控制的应用中得到了普及的同时,也推动了高级过程控制、人工智能控制等复杂工业控制算法、策略的诞生、发展和完善,比如基于模糊逻辑、神经网络或遗传算法的智能控制、鲁棒控制、预测控制以及自适应控制等等[13-15].

与传统控制算法相比,这些先进控制策略(算法)有一个共同特点:控制策略一般包含复杂的辨识或整定算法,且实施比较困难并要占用相当的资源,由此控制设备应有很强的计算能力. 而在传统的控制系统之中,控制器的计算能力是相当有限的,而且过于复杂的控制算法将影响系统的可靠性,这对于先进控制策略的实际应用提出了巨大的挑战.通信网络在控制系统中的出现,为先进控制策略的应用提供了新的手段.由于网络把所有的计算资源连成一体,从而使网络上丰富和共享的计算资源、存储资源为先进控制策略的实施提供了重要的技术保障.比如,在网络控制系统中,单个控制节点的计算能力是有限的,为了保证实时性和安全性,不可能实施过于复杂的先进控制策略,但它可以通过网络共享其他计算机的资源来实施先进控制策略.甚至还可以利用企业内部网和 Internet 上的计算资源来完成先进控制策略所需要的计算任务[16].

由此,具有先进控制功能的控制器分为两部分:1)简单的本地控制器,负责控制信号的产生、处理与可靠输出;2)远程整定单元,负责对象结构或参数的辨识,控制参数甚至结构的优化以及稳定性的监测与保证.它们之间采用通信网络连接,这是一种具有远程整定单元的控制系统,其结构参见图 1-2.

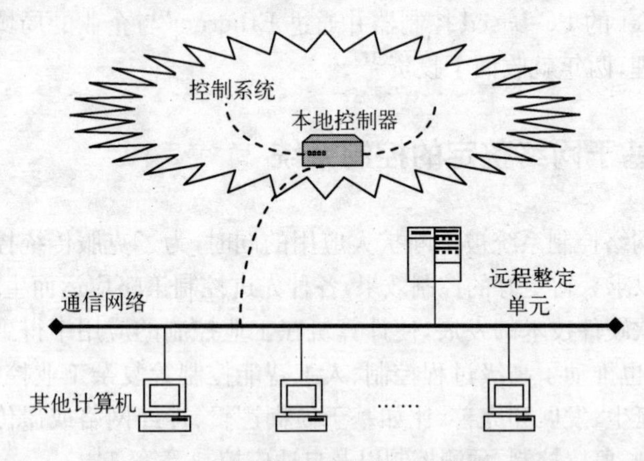

图 1-2 具有远程整定单元的控制系统

本文的研究对象就是这种本地控制器和远程整定单元共存的先进控制系统,称之为基于网络整定的控制系统.可见,这种架构与传统的网络控制系统的概念是不同的,将在第二章中详细说明.这种控制方式在理论上是我们提出的[16],但在实际应用中已经有不少相关的实例[17].美国国家仪器公司[18]在复杂的大型过程控制中采用通信网络连接系统中的各个设备和企业中的局域网,把生产过程中的实时信息和历史数据通过通信网络传递到监控计算机的大型数据库进行集中分析和处理,并把结果回传给现场设备以进行控制,增加了灵活性和可扩展性,并且易于使用.在软件体系方面采用 LabView 实施,各种设备可以直接连接到网络之上,只要是标准设备,LabView 可以直接进行监控(参见图 1-3).

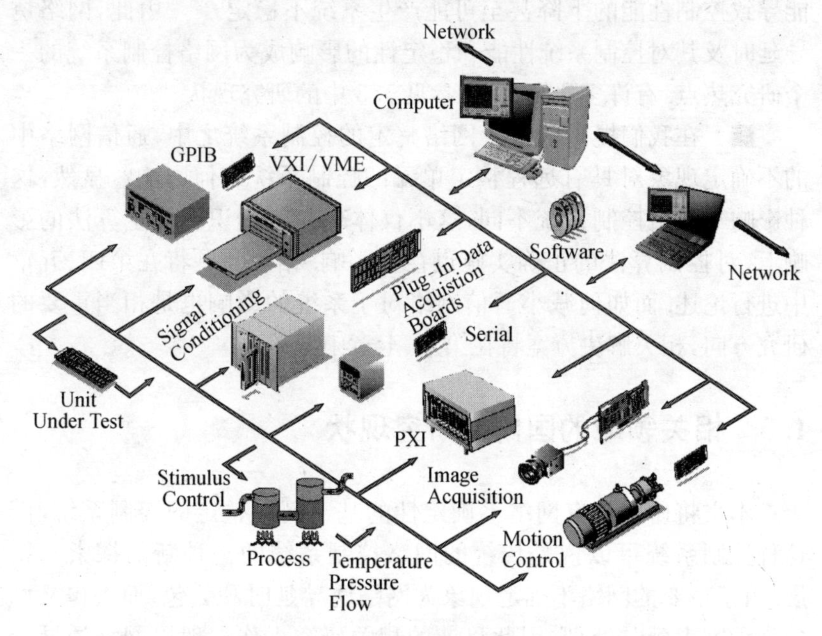

图 1-3 网络整定控制在 Honeywell 的典型应用

但是,不可否认,网络技术的引入势必会造成控制系统规模的急剧扩大和复杂程度的增加,特别是由于一般网络本身的通信特点,它会诱发各种不确定性现象,比如数据包传输的延时,数据包的丢失和误码率问题等[19-23]. 这些问题将在第三章中详细论述,这些不确定现象可能对包含通信网络的网络控制系统和基于网络整定的控制系统产生消极影响,例如:

■ 在网络控制系统中,网络中的这些不确定现象对原有的控制算法的顺利实施带来了相当的困难. 而在各种不确定性现象中,来自通信介质的共享或是由物理信号编码所引起的网络诱导延时最为典型,所以特别受到关注. 这些延时可能出现在传感器、执行器和控制器之间的数据传输过程之中,其特性可以是固定、有界或是随机的,这将由所采用的网络协议和所选用的硬件设备决定. 这类延时可能导致控制性能的下降甚至可能产生系统不稳定[2, 3]. 由此,网络诱导延时及其对控制系统性能和稳定性的影响成为网络控制系统的一个研究热点. 有许多研究成果,参见1.3中的研究现状.

■ 在我们提出的基于网络整定的控制系统之中,通信网络中的不确定现象对具有远程整定单元的控制系统有何影响? 显然,这种影响与网络控制系统不同,这不仅体现在对辨识和整定算法的影响上,对控制算法的正确实施也存在影响. 相关问题将在第四、五章中进行论述. 而如何减小通信网络对于系统的影响也是相当重要的研究方向,相关解决方案将在第六、七章中详述.

1.3 相关领域的国内外研究现状

本文将研究具有网络不确定性的基于网络整定的控制系统,而这种控制系统可以说是传统的网络控制系统的一种新的探索与拓展. 由于主要的网络不确定现象为网络诱导延时和丢包,而丢包又可作为无穷大延时处理,因此目前的相关研究工作一般以网络诱导延时为研究入口.

显然,网络诱导延时必然会对原有的控制系统产生不利的影响,如何分析并尽量减少这种影响是一个前沿性的研究方向,国外的相关研究始于20世纪80年代末. 1988年,Halevi[1]等开始研究用网络连接控制系统的可能性，并提出了网络诱导延时及其对控制系统影响问题. 但当时的网络技术还远未像现在这样成熟且应用也相当有限，用通信网络连接控制设备的思想还十分少见，因此相关研究并未得到太多重视. 进入 90 年代，特别是 90 年代中期以来，随着网络的不断普及，在生产现场各种控制网络正逐步淘汰传统的点对点连接方式，而局域网更是随处可见. 与此同时，在学术界，网络控制系统的概念被正式提出并得到各方面的广泛接受，相关研究逐步开展并深入下去，获得了许多重要成果[2, 3, 24-38].

由于网络控制系统是网络和控制的融合体，对于网络诱导延时的研究方法也可以分别从通信（网络）和控制两方面分别入手. 目前相关研究重点集中在两个方面：一是由 IT 工程师从通信网络入手，力求通过提高网络速度、改善通信协议等方法来最大限度地降低实时数据的网络诱导延时；二是假设通信网络已经确定，控制工程师则在考虑网络诱导延时的前提下进行控制策略设计，或采用补偿方法克服延时的影响. 分别可以称之为“通信（网络）策略”和“控制策略”[39]，它们之间的区别和对应关系以及相应的描述方法见表 1－1 和图 1－4.

表 1－1 通信角度 vs. 控制角度

<table>
<tr><th></th><th colspan="2">通信(计算机网络)角度</th><th colspan="2">控制理论角度</th></tr>
<tr><td>问题描述</td><td colspan="2">一系列通信任务{$T1\cdots T5$}所组成的任务链，见图 1－4(a)</td><td colspan="2">带有前向和后向固定或时变延时的控制器设计问题，见图1－4(b)</td></tr>
<tr><td rowspan="4">研究指标</td><td colspan="2">可调度性</td><td colspan="2">稳定性</td></tr>
<tr><td rowspan="3">网络质量参数(QoS)</td><td>传输速率</td><td rowspan="3">控制性能参数(QoP)</td><td>超调量</td></tr>
<tr><td>带宽</td><td>上升时间</td></tr>
<tr><td>网络利用率等</td><td>稳态误差等</td></tr>
</table>

续 表

	通信(计算机网络)角度	控制理论角度
解决方法	提出保证各个节点以规定的次序、在规定的时间内顺利地传输数据的调度算法	在考虑延时的情况下进行控制器设计或进行延时补偿

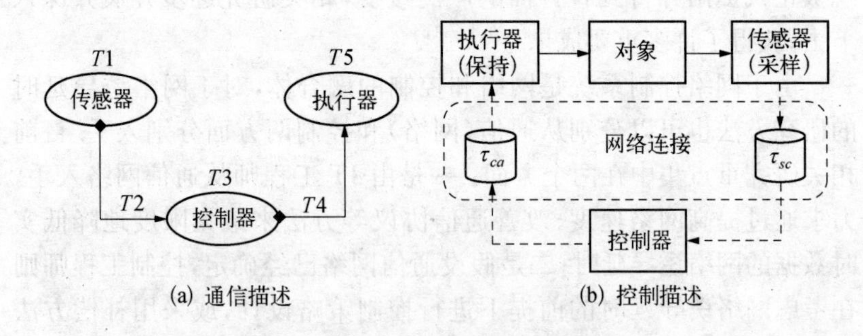

图 1-4　网络控制系统的不同描述

近年来,国内外学者在网络控制系统,特别是通信策略和控制策略方面都取得了许多重要的成果,主要包括网络诱导延时的测量、分析和建模,网络诱导延时对控制系统性能和稳定性的影响,以及解决方法等三个方面.

1.3.1　网络诱导延时的测量、分析和建模

要研究通信网络对于控制系统影响问题,首先要对网络不确定现象有充分、深入的了解. 目前的研究把网络的不确定因素归结为网络诱导延时、丢包和多包传输,并针对控制系统特点,把研究重点放在网络诱导延时方面. 网络诱导延时本身就是通信网络的一个重要性能指标,在通信领域一直都是常见的研究课题;而从控制角度来看,主要是研究不同网络在不同负载条件下网络诱导延时的统计特性,相关研究包括网络诱导延时的组成、建模和测量等[40-42].

Nilsson[2]提出，在离散控制系统中需要考虑的网络诱导延时是传感器—控制器延时(τ_{sc})和控制器—执行器延时(τ_{ca})，参见图1-4(b). 另外，Lian[20] 还详细分析了三种典型的控制网络：Ethernet (IEEE 802.3，CSMA/CD)、ControlNet(IEEE 802.4，Token Bus)和DeviceNet(CAN，CSMA/BA)的网络诱导延时问题(包括延时大小和特性). Lian 指出在 MAC(Medium Access Control)机制中，网络传输速率、设备数目、设备采样周期、数据包大小和通信协议都是导致网络诱导延时而影响控制性能的重要因素. 他分析了各个网络在延时方面的特点：ControlNet 由于采用令牌传递方法，数据可以依据事先设定的顺序传输，其网络诱导延时是有界的；而 Ethernet 和 DeviceNet 都是采用 CSMA 的随机存取方式，被称为不确定性网络. 但由于 DeviceNet 支持数据的优先级设置，优先级越高的数据，及时传输的机会也越高，因此，高优先级设备的网络诱导延时很小且较为确定. 而 Ethernet 与其他两种网络相比，传输速率较高且在各个领域应用很广，但它又是最不确定的网络，其网络诱导延时也呈现很强的随机性.

同时，对延时建模也是相当重要的方面，这对网络控制系统的研究具有重要意义. 这些模型信息和原有的控制模型一起将形成整个网络控制系统的模型，并将为以后的稳定性分析和性能分析奠定基础. Bauer[43]不拘泥于不同的网络类型，假设网络控制系统为一个具有严格脉冲采样信号的离散系统，即传感器、控制器和执行器都有固定且相同的采样周期. 于是，在理论上保证可以把网络诱导延时抽象为一个离散量 $\tau(n) = kh$，$k = 1, 2, \cdots$，这样延时问题变得更为简化，使得以后控制系统的分析和设计变得十分简单[44-46].

由于大多数网络诱导延时都是不确定的，建立网络诱导延时的统计模型也是很重要的研究方向. Ray 和 Halevi[47] 率先在 MAC 机制下研究了网络诱导延时，建立了传感器—控制器和控制器—执行器之间的网络诱导延时的统计模型. Nilsson[2] 在他的博士论文中提出了网络诱导延时的三种模型：常量、独立随机变量和马尔可夫链描述的随机变量，并针对CAN和以太网进行了延时的实际测量，对所提出的延时模型进行验证。同时，他还研究了时钟同步问题和时间标记问题，这些技术使获得网络过去时刻的延时信息成为可能。

1.3.2 网络诱导延时对控制系统性能和稳定性的影响

在获取了网络诱导延时特性的基础上，研究其对控制系统性能的影响显得尤其重要，这是以后采用网络策略或控制策略来解决延时问题的基础。自90年代末以来，对于网络控制系统的稳定性和控制性能的研究逐步开展起来，一般需假定网络诱导延时为常数或已知分布的随机变量，同时假设对象模型结构及参数已知且不变。其中比较有代表性的研究成果集中在控制性能方面和稳定性方面。

理论上，在计算机控制系统中，更小的采样周期会保证更好的控制性能。然而，在带宽有限的控制网络中，较小的采样周期会导致高频通信，产生高的数据通信量，而高的网络通信量则会增大数据丢失或等待时间延长的可能性，从而反过来又会影响控制性能。特别是当网络接近饱和时，由于延时的增长甚至会造成系统的不稳定。因此，由于通信网络的介入以及控制要求，最优采样周期的选择只能是一种在通信质量和控制性能之间的妥协。于是，在考虑网络诱导延时的前提下分析采样周期对控制性能的影响，提出网络控制系统采样周期的选择方法成为了一个重要的研究方向。Zhang[3]和Lian[32]在这方面做了许多工作，并通过仿真和实验来验证相应的选择方法。

顾洪军[48]则研究了网络诱导延时对系统实时性的影响。针对网络控制系统中包括周期性通信、随机性通信和突发性通信，而其中周期性通信的实时性对于系统的性能来说是最重要的特点，基于数据链路层数据传输策略，从逻辑令牌传递和信道竞争两个角度分析了周期性通信的实时性及延时对其的影响，给出了满足实时性的充分条件，为网络控制系统的设计提供了重要的理论依据。

另外，网络控制系统的稳定性也是研究重点之一，Walsh[49]、Zhang[3, 50]和Branicky[51, 52]等人这一方面作了许多重要工作。其中

Zhang[3]在离散系统下详细分析了具有网络诱导延时的网络控制系统的稳定性问题,假设延时为常数,传感器为时间驱动(采样周期为h),而控制器和执行器为事件驱动方式,分别研究了延时小于一个采样周期($\tau < h$)和延时大于一个采样周期($h < \tau < mh, m > 1$)情况,并针对特定对象绘制了稳定区域图. 稳定性研究的另一个方向是:基于 Riccati 方法或李雅普诺夫稳定性方法找寻保证网络控制系统稳定的诱导延时上限,即网络控制系统能够容忍多大的固定延时. 其中 Walsh[49]采用李雅普诺夫稳定性方法提出了保证系统稳定的最大容许时间间隔(MATI, Maximum Allowable Time Interval). Kim[53, 54]和 Park[55]分别针对连续时间模型和离散时间模型,提出了保证系统稳定的最大容许延时上限(MADB, Maximum Allowable Delay Bound).

1.3.3 解决方法

针对网络诱导延时的解决方案更是研究重点和关键. 如上所述,网络诱导延时的解决方法主要有两种:通信策略和控制策略,分别对应于网络协议改进和控制器设计. 对于通信策略来说,一个好的(合适的)信息传输协议对于保证网络质量,降低网络诱导延时是十分有效的. 相关研究集中在利用调度算法提高网络流量和利用率,最小化丢失数据比率,由此来降低网络诱导延时. Walsh[49]引入了一种新的网络协议—"试一次就放弃"(Try-Once-Discard)来动态规划分配网络资源,并对这种方法的稳定性作了详细的证明. 这样,控制器的设计就不必考虑回路中网络的存在,原有的控制器设计和分析方法可以继续沿用. Sichitin[46]、Branicky[51],Kim[54]和 Park[55]都提出了自己的网络调度算法来合理分配网络资源.

当然,当网络诱导延时不能满足控制系统的要求时,采用通信硬件来提高网络服务质量,降低延时的不确定性也是一种解决办法. Kwon[56]采用流量平稳器来调节数据产生速度,于是,实时数据包有了比非实时数据包更高的优先级,这样就避免了网络阻塞并提高了流量，降低了网络诱导延时. 然而，此类方法需要添置额外的软硬件设备来实现，这无疑增加了系统成本且不在本文研究范围之内.

同样，利用控制策略，采用先进的控制器设计方法或补偿算法来提高系统对诱导延时的承受能力，进而提升控制性能也是十分有研究前景的方向. 如表 1－1 所示，从控制理论角度来看，当由于网络造成系统控制性能下降，若假设网络诱导延时信息已知（在计算机控制系统中，采用时钟同步和时间标记技术便可实现，参见文献[2]），可通过使用离散时间和连续时间模型来设计相应的鲁棒或最优控制器. Zhang[3, 50]、Nilsson[2, 57, 58]、Lian[59, 60]和于之训[61-63]等人分别得到了具有随机传输延时的网络控制系统的数学模型，并解析得到了满足给定二次型性能指标的最优控制律，提出了相应的控制器设计方法. Almutairi[64]和 Lee[65]则针对网络控制系统中存在的延时问题，采用模糊调节器补偿网络诱导延时来改善系统性能. Sichitiu[46]在假设网络诱导延时已知的条件下，把网络控制系统中的网络诱导延时分为前向延时和后向延时，在对象特性已知的情况下，采用常规 Smith 方法对延时进行补偿，并证明前向延时可以被分离至回路外，而后向延时则可以被完全补偿.

综上所述，目前国内外的相关研究都集中于控制回路中的网络诱导延时问题[66]（参见图 1－4(b)），而且相关的研究成果一般都必须假设被控对象参数已知且时不变，并采用常规的反馈控制以达到设计指标，无法应用于实际对象参数未知或时变的情况.

而当对象参数未知、时变情况下，可以采用对象参数辨识（估计）和控制器参数在线修正算法，或不依赖对象模型的智能控制算法. 而这些控制系统一般都含有辨识和整定算法，并具有一个整定回路. 而当本地控制器和远程整定单元经由通信网络连接时（参见图 1－2），网络的不确定现象会对整定算法和控制算法同时产生消极影响，但国内外在相关领域的研究几乎为空白.

可见，基于网络整定的控制系统中的诱导延时问题很新，目前还没有一类有效的工具对该类系统进行确定性设计，而只能对其控制策略进行一些简单的定性分析，这在实际应用中存在较大的局限性. 因此，建立一个既能进行定量理论分析又不乏实用性、可行性的基于网络整定的控制系统模型框架的需求将越来越迫切.

1.4 主要工作和特色

目前，基于网络整定的控制系统研究刚刚开始[16, 67]，相关文献相当少见. 可见，进行相关研究并在此基础上提出一套针对基于网络整定的控制系统中的分析和设计方法是十分必要的.

由此，申请并获准了国家自然科学基金项目："网络诱导延时对先进控制学习收敛性的影响及补偿策略"（项目批准号：60274031）. 此项目的主要研究目标是："针对网络数据传输的诱导延时对先进控制策略所带来的难题，按不同层次典型网络开展系统全面的理论分析和研究，从而得出能保证基于网络的先进控制策略具有整定收敛性的充要条件. 在此基础上，面向具有非线性特性的典型工业对象或复杂系统，提出一类理论上能消除或降低网络诱导延时影响、达到控制系统稳健性的补偿策略以及先进控制策略. 最后，通过组建的网络控制平台，验证补偿策略的可行性和有效性，为基于网络先进控制策略的深入研究和实际应用提供必要的理论和实验依据"[67]. 本人在此项目中负责补偿算法的研究和仿真软件的开发，结合项目要求，研究目标确定为：

以典型的不确定性网络—以太网在控制系统整定过程中的应用为研究对象，针对以太网属于不确定性网络的实际，研究由其引起的网络诱导延时及对具有远程整定单元的、采用先进控制策略的控制系统性能和稳定性的影响，采用以控制策略和通信策略相结合的研究路线，利用理论研究为先，并结合仿真研究和实验研究验证的方法，提出相应的解决方案，尽量降低延时造成的不利影响，为先进控制策略和网络控制系统的进一步应用提供理论和实验依据.

本文的主要研究内容为：

(1) 建立基于网络整定的控制系统的研究体系，并根据不同类型的整定算法，分别建立两种典型的研究对象："基于网络整定的类PD型模糊控制系统"和"基于网络辨识(参数估计)的自适应控制系统".

(2) 考虑到以太网在网络控制系统中的主流发展趋势，研究具有不确定性的典型网络—以太网的数据传输方式，从而模拟并研究在网络中可能出现的各种网络诱导延时情况，特别是网络诱导延时的随机时变特性.

(3) 分别针对以上两种典型系统，研究网络诱导延时对系统的控制性能和稳定性的影响.

(4) 研究能够消除或降低网络诱导延时对控制性能和稳定性影响的解决方案，进行理论分析和仿真研究，验证其有效性和实用性，并针对不同的整定算法和控制策略讨论其泛化性问题.

本文研究基于网络整定的控制系统中的网络诱导延时问题，有以下研究特色和创新点：

(1) 传统的网络控制系统只是控制回路经由通信网络闭环，本文对网络控制系统进行了扩展，建立基于网路整定的控制系统的框架及概念，其中控制系统包含控制回路和整定回路，而整定回路又经由通信网络闭环. 由此实现了既能分享通信网络上的计算资源，又能保证本地控制器可靠的控制体系. 这种概念是在网络控制系统的基础上产生和发展的，并又前进了一步，在国内外尚没有如此提法.

(2) 在研究路线方面，本文从研究通信网络对于整定算法的顺利实施入手，进而研究网络对于控制算法的影响. 这种研究路线是针对网络整定问题而特别提出的，目前尚未见诸报导；在研究方法方面，针对目前或是从通信角度入手，或是从控制角度入手的现状，从网络和控制的结合点—网络诱导延时入手，提出了兼顾通信网络和控制算法的一体化分析与设计方法.

(3) 本文在基于网络整定的类PD型模糊控制系统之中，参数学习过程在网络连接的远程整定单元上实现，研究网络不确定现象对于性能影响的分析方法，这是在传统网络控制系统性能分析基础上新的尝试.

(4) 在传统自适应控制系统基础之上，本文把参数辨识(估计)过程独立出来形成远程辨识器，建立了自适应控制的一种新颖的实现方式—基于网络辨识的自适应控制系统. 同时，为保证整定(辨识)回路的实时性和控制系统的稳定性提供了相应的理论基础，相应的理论研究对于推动自适应控制在更高层面的应用是一种新的尝试.

1.5 章节安排

全文共分为九章和一个附录，除本章以外其他部分具体安排如下：

在第二章中，形成基于网络整定的控制系统的严格定义，然后对其和传统的网络控制系统进行全面比较，得出两者之间的异同之处. 了解相同之处，可以借鉴网络控制系统方面已有的研究成果；明白相异之处，为新概念、新方法的出炉提供基础. 最后，根据整定算法的不同，把基于网络整定的控制系统分为两个大类.

第三章对通信网络的主要不确定现象—网络诱导延时的形成和性质进行了分析. 首先，从通信协议和控制设备两方面分别介绍影响网络诱导延时的主要因素. 随后针对整定回路中的前向和后向两个网络诱导延时以及整定单元的计算延时，分别针对静态整定算法和动态整定算法，分析了多个随机时变延时的可叠加性.

第四章以包含典型的静态整定算法的基于网络整定的控制系统—“基于网络整定的类 PD 型模糊控制系统”为研究对象，分析网络诱导延时所形成的信息传输滞后对控制系统的控制性能的影响. 随后采用时间标签和缓冲器技术，把以太网时变延时固定为常数延时，并在系统性能指标的基础上构建了性能下降函数，分析不同延时对于控制系统的影响.

在随后的三章(第五章～第七章)中，详细地分析了一种典型的基于网络整定的控制系统—“基于网络辨识的自适应控制系统”，与

第四章中的系统相比，这种整定算法（参数估计算法）的功能更为重要，控制器对于学习结果的依赖程度也更为明显，属于动态整定算法.

● 第五章首先建立了基于网络辨识的自适应控制系统的基本架构，此后分析网络不确定性（包括网络诱导延时所形成的信息传输滞后，数据包的错序以及数据包的丢失现象）对自适应控制系统的参数收敛性，输出收敛性以及控制性能的影响，并进行了案例研究.

● 第六章中，为了解决网络带来的不确定现象，进行了整定回路中的延时解决方法的初探. 在采用时间标签和缓冲器技术的基础上，实现了放大至最大固定延时的解决方案，分析证明了系统的输出收敛性.

● 第七章则在上一章的基础上，分别提出了两种改进的解决方案—改进的缓冲器法和主动丢包法，这两种方法进一步提高了控制系统的性能和实用性.

此后的第八章对于上三章中研究进行了推广，构建了“基于网络辨识的自适应模糊控制系统”，针对不同的对象（仿射非线性对象）和整定算法（带死区梯度算法），研究了以上提出的三种解决方案的有效性和泛化性.

第九章对全文进行了总结，并对于后续研究进行了展望.

另外，附录A介绍了针对“基于网络辨识的自适应控制系统”的软件包制作和使用. 在本人已开发的模糊控制系统仿真软件FuzzyCAD 1.0[68]（已经获得软件著作权，授权号2003SR6346）的基础上，进一步开发了针对基于网络辨识（参数估计）的自适应控制系统的仿真软件包NetAdaptive1.0，第五章～第七章中的数字仿真均利用此软件实现.

第二章　基于网络整定的控制系统

2.1　引言

近年来，随着信息技术的飞速发展，网络概念和方式被越来越多地渗透到控制领域，各种网络控制系统十分流行，比如基于现场总线的控制系统，基于工业以太网的控制系统，甚至基于 Internet 的远程操纵系统. 网络的引入给控制带来了无穷的活力，但网络本身固有的不确定现象（比如数据包传输的延时、数据包的丢失和误码率等问题）对原有的控制算法的顺利实施提出了严峻的挑战. 自 20 世纪 90 年代中期以来，这些问题逐渐得到了控制领域和信息技术领域学者们的高度重视，从不同角度、应用不同方法对此开展了深入的研究[1-3].

随着生产规模的扩大，被控对象的不断拓展、复杂化且存在非线性和时变性，为了进一步提高其控制性能并保持优化状态，降低对操作人员整定水平的依赖，越来越多的带有参数自整定功能的控制器纷纷出现. 原先，自整定功能包含在控制器内部，即整定模块和控制模块共存于一套现场控制设备或控制计算机中. 一般来说，由于现场控制的实时性和可靠性的要求，以及承担分时工作的计算机性能的限制，这类控制器的整定功能一般较为简单. 但是，随着整定（辨识）算法复杂度的提高，需要耗用相当的计算资源和存储资源时，现有的现场控制设备的计算和存储资源将难以胜任实施过于复杂的整定（辨识）算法. 于是，利用目前随处可见的计算机网络，共享其他计算机的资源来实施复杂的整定算法，甚至还可以利用企业内部网和 Internet 上的计算资源来完成相关的整定任务. 这时的整定算法仅依靠在其他的智能设备或计算机网络系统上的资源得到实现,可以不依赖本地的现场控制设备的有限资源,从而大大降低对现场控制设备性能的要求,为在确保高性能整定的同时实现低成本控制的目标提供了一种新途径[16, 67, 69].

可见,网络技术的出现、发展和不断成熟,为复杂的整定算法在工业现场和其他自动化领域中的应用提供了一种新的有效手段,由此探索一种建立在网络基础上的新的整定与控制交互理念及其体系结构十分必要.

2.2 基于网络整定的控制系统的定义

现场的控制单元采用简单、易于实现的方式,而复杂的整定算法则通过网络连接的远端计算机实现,以求实现一种低成本、高性能并充分利用网络资源的控制系统.这种通过网络在远端实现整定功能的智能设备或计算机,称之为远程整定单元.而当控制系统加上这样的远程整定单元之后,就形成了一种既不同于传统的控制系统,又不同于网络控制系统的新型控制系统结构(见图 2-1).这种控制系统结构中存在两个回路,一个为通过或不通过网络的控制回路,另一个为必须通过网络的整定回路.于是得到以下定义[16]:

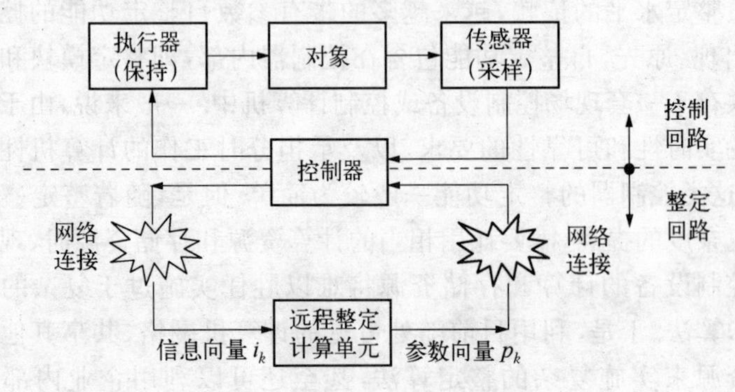

图 2-1 基于网络整定的控制系统架构

【定义 2-1】 若控制单元与整定单元地理上分离，控制系统的整定回路是通过网络（或总线）闭环，这样的控制系统就称之为基于网络整定的控制系统（Networked Tuning based Control Systems，简称为 NTCSs）.

可见，以上基于网络整定的控制系统是控制单元和整定单元分离的一种高效自动化方式，只有控制单元与整定单元地理上分离，才可以节省本地的计算和存储资源，降低建设与运行成本. 在这种控制系统的本地端，由对象、传感器、控制器和执行器直接连接或通过控制网络连接，组成简单的控制回路. 可以假设在控制回路中的各个设备之间数据能够及时、可靠的传输，不考虑信号传输延时，于是被控对象和控制器的离散时间状态方程模型分别为[6]

$$\begin{cases} x_p(k+1) = \Phi_p x_p(k) + \Gamma_p u_p(k) \\ y_p(k) = C_p x_p(k) + D_p u_p(k) \end{cases} \tag{2-1}$$

$$\begin{cases} x_c(k+1) = \Phi_c x_c(k) + \Gamma_c u_c(k) \\ y_c(k) = C_c x_c(k) + D_c u_c(k) \end{cases} \tag{2-2}$$

其中

$$\begin{cases} u_c(k) = y_p(k) \\ u_p(k) = y_c(k) \end{cases} \tag{2-3}$$

而在远端，控制器的整定功能则由远程整定单元完成. 这里的远程整定单元可以由企业局域网上的一台或多台智能设备或计算机，甚至是 Internet 上的计算资源组成. 如图 2-1 所示，在第 k 个采样周期，即 $t = kh$ 时刻，控制器把信息向量 i_k（其中可能包括对象的输入输出数据等包含对象状态特征的信息，例如 $i_k = (e(k),\ \Delta e(k))$ 或 $i_k = (y(k),\ u(k-1))$）按照通信协议形成数据包（称为信息包，记为 $[i_k]$），再通过通信网络传送给远程整定单元. 远程整定单元按照算法 $l(\cdot)$ 进行整定计算，并得到整定计算结果 p_k（称其为参数向量）. 同时按照通信协议把 p_k 形成数据包（称为参数包，记为 $[p_k]$）回馈给控制

器,控制器的参数根据算法 $g(\cdot)$ 进行改变. 若不考虑网络影响,则

$$p_k = l(i_k) \tag{2-4}$$

$$[\Phi_c, \Gamma_c, C_c, D_c]_k = g(p_k) = g(l(i_k)) \tag{2-5}$$

但数据包的传输通道可能是以太网这样的不确定性网络,而网络的实际流量一般也无法进行控制,或者甚至无法自由选择网络路由. 这样,在控制器和远程整定单元之间双向传送数据时,由于网络的引入,存在延时(在随机接入网络中多为不确定延时)和丢包现象. 由此,用于整定的数据包 $[i_k]$ 在网络上传输时可能有较大的不确定延时和丢包概率,显然这将影响到整定效果,而整定结果 $[p_k]$ 回传给控制器时也存在同样的问题,这些最后都会影响到控制系统的性能.

2.3 基于网络整定的控制系统和传统的网络控制系统之间的比较

基于网络整定的控制系统是一种新的先进控制体系,它与传统的网络控制系统既有相同之处,又有明显的区别,两者之间的异同将关系到研究目的和方法的重要问题. 显然,两者都是通信网络和控制系统的融合体,均采用通信网络作为控制系统信息传输的媒介. 传统的网络控制把底层的控制设备连为一体,方便布线、维护和监督. 而基于网络整定的控制系统分享网上的各种资源,可以实现更为复杂的算法. 因此,基于网络整定的控制系统和传统的网络控制系统都是属于通信和控制学科间的跨学科研究,以下主要分析它们之间的不同之处.

2.3.1 控制回路 vs. 整定回路

传统的网络控制系统中,由传感器、控制器和执行器组成控制网络. 由于控制设备之间的数据传输经由通信网络完成,在传感器、执行器和控制器之间的数据传输过程之中存在由通信网络产生的网络

诱导延时[2]（见图 2 - 2 中的 τ_{sc} 和 τ_{ca}）.

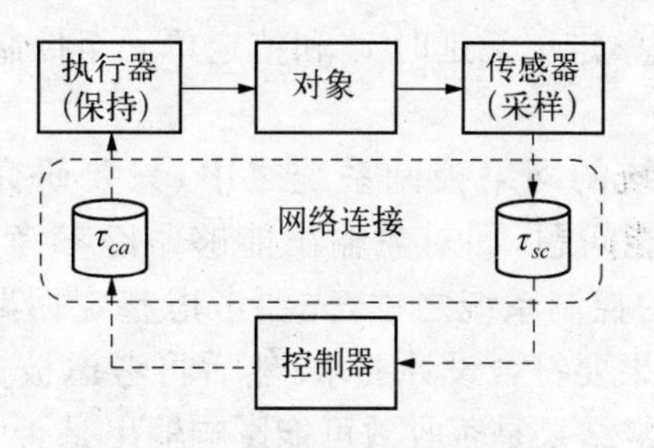

图 2 - 2　传统的网络控制系统

而在基于网络整定的控制系统之中，现场的控制单元采用简单、易于实现的方式，而复杂的辨识、整定算法则通过网络连接的远端计算机实现. 这种控制系统结构中存在两个回路（如图 2 - 1 所示），一个为通过或不通过网络的控制回路，另一个为必须通过网络的整定回路. 这种基于网络的分布式整定方法不仅在理论上可行，而且在实际应用中也能够得到众多设备厂商的支持. 考虑整定回路中的网络诱导延时，可以把图 2 - 1 改画为图 2 - 3，其中网络诱导延时代替了原来的通信网络.

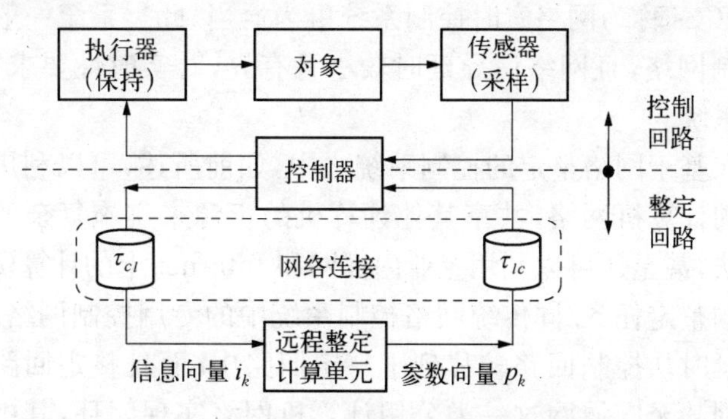

图 2 - 3　基于网络整定的控制系统

在这种基于网络整定的控制系统中，和传统的网络控制系统一样，不可避免地存在网络诱导延时. 只是网路诱导延时不是出现在控制回路之中,而是存在于控制器和远程整定单元组成的整定回路中,分别为控制器至整定单元延时 τ_{cl} 和整定单元至控制器延时 τ_{lc}[16, 19](见图 2-3).

因此,在传统的网络控制系统之中,只要研究控制回路中稳定性和控制性能问题,即对象输出能够跟踪参考信号即可.而在基于网络整定的控制系统之中,先要考虑整定回路中的整定收敛问题,即整定结果要符合设计要求.然后再考虑被控对象的输出收敛问题,因为整定结果是否收敛可能影响输出是否收敛.显然,与传统的网络控制系统相比,基于网络整定的控制系统有其自身的复杂性.

2.3.2 专用控制网络 vs. 公用通信网络

在传统网络控制系统的实际应用中,特别是在制造业中,控制回路的闭环一般由专用控制网络实现,比如各种现场总线(DeviceNet、ControlNet、Profibus 和 Modbus 等)和工业以太网.表现在网络诱导延时方面,一般延时较短且在小范围内变化,即延时的不确定性比较弱,目前大部分相关研究都假设网络往返延时小于一个采样周期[66].可见,NCSs 称为网络实时控制系统更为恰当,此类系统一般用的是专用控制网络,且网络诱导延时较小且有界,对实时性要求很高,是硬实时系统.

而在基于网络整定的控制系统之中,如前所述,可以利用目前随处可见的计算机网络,共享其他计算机的资源来实施复杂的辨识和整定算法,甚至还可以利用企业内部网和 Internet 上的计算资源来完成相关的整定任务.同传统网络控制系统中的专用控制网络相比,网络诱导延时从控制回路转移到了整定回路中,而且整定回路很可能由局域网甚至广域网这一类公用计算机网络实现闭环,其中的网络诱导延时将更大、更不确定.与一般工业控制系统的采样周期比较,这类公用网络的往返延时一般都是可能大于一个采样周期的随机变量.

可见，与网络控制系统控制回路中的延时比较，基于网络整定的控制系统整定回路中的延时可能明显要长，而且具有更强的随机时变特性，因此对于控制系统的影响更为复杂. 因此，在评价这种延时对整定效果以及控制性能的影响，并提出相应方法来保证系统收敛性和控制性能的过程中，相应的研究方法和手段与传统的网络控制系统都存在明显区别.

2.4 远程整定单元的整定算法分类

根据前面的定义，远程整定单元根据控制器传来的数据进行分析计算，得出改变控制器参数(甚至结构)的信息. 不同的整定算法对网络引入的不确定现象的敏感程度是不同的，通常从不同分类原则出发可以归结为许多类型的整定算法，本文为方便基于网络整定的控制系统研究起见，主要划分和研究以下两类：

(1) 如果整定算法为 $p_k = l(i_k)$，即参数向量只是当前信息向量的函数，而和信息向量所处的时间无关，称为网络静态整定算法，在本文中简称为静态整定算法；

(2) 如果整定算法可以描述为 $p_k = l(i_k, i_{k-1}, i_{k-2}, \cdots)$，即参数向量不仅是当前信息向量的函数，还是以前信息向量(甚至过去的参数向量)的函数. 即 k 时刻的 p_k 不仅与 i_k 有关，而且与 $i_{k-1}, i_{k-2}, \cdots$ 及 $p_{k-1}, p_{k-2}, \cdots$ 有关，称为网络动态整定算法，在本文中简称为动态整定算法.

不同的整定算法对于基于网络整定的控制系统有重要的影响，特别是对于通信网络的敏感度不同，它将影响到不同的网络诱导延时是否满足叠加性，同时数据包的丢失以及错序对不同整定算法的影响也是截然不同的. 此外，针对不同类型的整定算法，相应的控制系统分析和设计方法都有不同之处，用来降低网络对于控制系统的影响的解决办法也是各有特点. 这两类整定算法的典型例子将分别在以下章节讨论.

2.4.1 典型的静态整定算法—误差驱动的PID增益调整算法

如前所述，针对基于网络整定的控制系统，若整定算法只和当前通信网络传来的信息向量有关，而和其所处的时间(传送次序)无关，即整定算法对于通信网络传送数据的次序不敏感，则称之为网络静态整定算法. 静态整定算法有许多表现形式，其中一类就是根据对象的输出信号计算控制性能，并根据不同的性能来改变控制器参数以获得更好的控制性能. 比如根据控制系统的性能在线调整PID参数就是常见的静态整定方法[70]，有关性能指标可以是超调量、稳态误差或其他静动态特性，其中最常见的就是基于误差驱动(error driven)的自调整PID算法. 若设信息向量为 $i_k = (e(k),\ ec(k))$，其中 $e(k)$ 为系统的误差，$ec(k) = e(k) - e(k-1)$ 为误差变化率；参数向量为 $p_k = (K_P(k), K_I(k), K_D(k))$，其中，$K_P(k)$、$K_I(k)$ 和 $K_D(k)$ 是 k 时刻的PID增益. 则PID参数整定算法 $l(\cdot)$ 为

$$\begin{aligned} K_P(k) &= l_P(i_k) = l_P(e(k),\ ec(k)) \\ K_I(k) &= l_I(i_k) = l_I(e(k),\ ec(k)) \\ K_D(k) &= l_D(i_k) = l_D(e(k),\ ec(k)) \end{aligned} \tag{2-6}$$

该控制器的PID增益参数将是误差 e 或误差变化率 ec 的非线性函数，以非线性比例增益 $K_P(k)$ 为例，可以记为 $K_P(k) = l_P(e(k),\ ec(k))$. 虽然 $e(k)$ 与 $ec(k)$ 均是时间的函数，但是 $K_P(k)$ 的取值只由 $e(k)$ 与 $ec(k)$ 具体值决定，而与处在什么时刻无关. 因此，这种根据误差和误差变化在线调整PID三个增益的做法可以视为一种静态整定算法. 基于此种算法的网络整定控制系统将在第四章中进行研究与详细分析.

2.4.2 典型的动态整定算法—自适应参数辨识(估计)算法

和静态整定算法相反，若基于网络整定的控制系统中整定算法

对于通信网络传送数据的次序敏感，则称之为网络动态整定算法. 动态整定算法也有许多应用，比如在自适应控制中，根据对象的输入输出数据在线辨识（估计）对象的参数，然后根据估计参数确定控制律. 其中的参数在线辨识算法（如一般常用最小二乘算法）就是典型的动态整定算法. 若设信息向量为 $i_k=(y(k),\ u(k-d))$，参数向量为 $p_k=(\hat{\theta}(k))$，则最小二乘参数辨识算法[71] $l(\cdot)$ 为

$$\begin{aligned} p_k = \hat{\theta}(k) &= l(i_k,\ i_{k-1},\cdots i_{k-d}) \\ &= \hat{\theta}(k-1)+P(k-d)\varphi(k-d) \\ &\quad (y(k)-\varphi^T(k-d)\,\hat{\theta}(k-1)) \end{aligned} \tag{2-7}$$

$$P(k-d)=P(k-d-1)-\frac{P(k-d-1)\varphi(k-d)\varphi^T(k-d)P(k-d-1)}{1+\varphi^T(k-d)P(k-d-1)\varphi(k-d)} \tag{2-8}$$

这种整定算法不仅需要对象的输入输出数据，还和以前时刻的信息向量以及 $\hat{\theta}(k-1)$ 有关. 基于此种算法的网络整定控制将在第五章～第八章中进行研究与详细分析.

2.5 本章小结

综上所述，本章在网络控制系统的基础上，提出了一种新的利用通信网络作为控制系统中信息传输媒介的思想，即采用通信网络闭合控制系统的整定回路，从而形成了一种新的控制系统实现方式—基于网络整定的控制系统. 它是网络（通信）、控制和整定（计算）融合的一种新型系统体系，但计算机网络并不是完美的，由于网络本身的不确定性，造成数据通信过程中的网络诱导延时和丢包，在用通信网络构造的基于网络整定的控制系统之中，有时难以保证网络上各个

智能设备以规定的次序、在规定的时间内顺利地传输数据.在基于网络整定的控制系统体系中,整定回路中的延时和丢包可能会对整定算法产生消极影响,进而导致控制性能变差甚至失稳.

因此,在控制器和整定算法设计过程中,必须充分考虑整定回路中的网络诱导延时和丢包等不确定现象.此外,与传统的网络控制系统相比,基于网络整定的控制系统中的通信网络存在于整定回路之中,且由公用通信网络引发的不确定现象与专用控制网络相比可能更为严重,对控制系统的影响也更为复杂.

可见,针对基于网络整定的控制系统的研究是跨学科的交叉课题,其研究路线可以由以下三点描述:1)研究网络本身的不确定特性;2)研究网络的引入对整定算法及控制性能产生的影响,网络的不确定现象是否会引起整定算法的不收敛,是否会造成控制系统性能下降甚至失稳?3)如何解决由通信网络引发的控制系统不收敛以及性能下降等问题.因此,开展对这些问题的研究具有十分重要的实用价值和理论意义.本章则仅仅是引出了正朝人们走来的、具有普适性的基于网络整定的控制系统体系,并提出了相关的概念、定义,和适用于基于网络整定的控制系统研究的整定算法分类.

第三章　网络诱导延时分析

3.1 引言

在第二章中提出了基于网络整定的控制系统体系，旨在借助通信网络调用远程整定单元，用网络上的计算资源和存储资源实现复杂的整定功能. 网络技术的引入势必会造成控制系统规模的急剧扩大和复杂程度的增加，特别是来自通信介质的共享或是由物理信号编码所引起的网络诱导延时现象最为典型. 在传统的网络控制系统之中，这类延时造成系统的相位滞后，可能导致控制性能的下降甚至可能产生系统不稳定[2,3]；而在基于网络整定的控制系统之中，网络诱导延时将影响整定结果传输的实时性，继而影响控制器参数更新的实时性，相应的理论分析和仿真研究已证实了这种负面影响的客观存在[16]. 由此，关于网络诱导延时的成因、特点和性质的研究，以及对于基于网络整定的控制系统的整体性能、稳定性及解决方法等后续研究具有重要意义.

显然在基于网络整定的控制系统之中，网络诱导延时是关键. 由于网络引发的不确定现象本身就是相当复杂的，把这种现象简化为网络诱导延时是可以使得通信系统和控制系统之间建立起桥梁. 但众所周知，随着 IT 技术的不断深入，通信网络的协议种类越来越多，实现手段也各不相同，引起的网络诱导延时特性更是千差万别.

本章首先讨论影响延时的主要因素—通信(网络)协议和设备驱动方式；并针对 DeviceNet 和以太网的延时现象进行了测量和初步分析；同时研究了延时的重要性质—可叠加性. 最后研究了延时对控制算法和整定算法的影响，提出了在不同情况下网络协议和设备驱动方式的选择标准.

3.2 影响网络诱导延时的主要因素

基于网络整定的控制系统中的网络诱导延时出现在整定回路之中,而构成整定回路的网络及挂接在上面的设备将决定延时的特性.在图2-3中所有由控制设备和通信网络所引起的延时(包括 τ_{cl} 和 τ_{lc}),可用下式表示[20]:

$$\tau = T_{\text{pre}} + T_{\text{wait}} + T_{\text{tx}} + T_{\text{post}} \tag{3-1}$$

其中设备预处理时间 T_{pre} 和设备后处理时间 T_{post} 属于设备延时.而网络延时包括等待时间 T_{wait} 和网络传输时间 T_{tx}.设备预处理时间 T_{pre} 和设备后处理时间 T_{post} 以及网络传输时间 T_{tx},在路由固定且设备参数和网络参数确定的条件下可以认为是常数;当路由不固定时,T_{tx} 可能在几个值之间随机变化,但与等待时间 T_{wait} 的变化相比这种随机变化几乎可以认为是确定性的,不失一般性也假设为常数.而等待时间 T_{wait} 是指数据在传输过程中可能会被其他数据传输所阻止而花费在缓冲队列中的等待时间,而且这种等待时间可能很长,是网络诱导延时的关键组成部分(参见表3-1).

表3-1 网络诱导延时的组成成分

	名 称	来 源	特 性
T_{pre}	设备预处理时间	设备	可认为固定
T_{wait}	等待时间	网络	时变且不确定
T_{tx}	网络传输时间	网络	可认为固定
T_{post}	设备后处理时间	设备	可认为固定

可见,网络诱导延时的性质(如大小和分布)受到诸多因素的影

响.一方面受通信网络的影响,其中的网络等待时间和传输时间受通信设备(特别是通信协议)的影响极大.另一方面,连接在网络中的控制器和远程整定单元构建成的设备体系,决定了式(3-1)中的设备延时.此外,在基于网络整定的控制系统中,控制器和远程整定单元的驱动方式对网络诱导延时的大小和分布也有重要影响.下面将主要讨论网络中的通信和控制设备对网络诱导延时的影响,这里假设网络规模、负载等其他因素固定.

3.2.1 通信设备的通信(网络)协议

在通信设备之中,通信协议是导致网络诱导延时的最重要因素,下面从数据链路层角度讨论两种主要的网络协议—令牌传递方式和随机存取方式[21,22]对网络诱导延时的影响.

3.2.1.1 令牌传递方式

网络运行在令牌传递方式之下,网络中的节点组成一个逻辑环,令牌在环中传输,在某一时间只有获得令牌的节点可以传输数据,数据可以依据事先设定的顺序传输.由此数据帧不会发生冲突,典型的令牌网有 MAP、Profibus 和 ControlNet 等,这是一种确定性网络.而数据包传输的最大等待时间(延时)可用令牌轮转时间描述.针对定时令牌协议具有较好通信可预测性的特点,令牌协议在高负载的情况下能提供稳定高效的吞吐率和网络利用率.

3.2.1.2 随机存取方式

与令牌网不同,采用随机存取方式的网络不存在中央控制,网络上的各个节点都有权在认为网络空闲的时候发送数据.于是可能有多个节点同时传输数据从而造成冲突.以太网是最典型的随机存取网络,它采用 CSMA/CD 协议,传输速率较高且简单实用,在各个领域应用很广.以太网在轻载时几乎无延时,重载时由于冲突的增加造成网络诱导延时急剧上升,并有可能导致传输失败[20].可见,与令牌网比较,采用随机存取协议的网络诱导延时呈现很强的随机性,并有可能不能保证端对端的实时传输.

3.2.2 控制设备的驱动方式

此外,控制设备也是延时的成因之一.首先,控制器和整定单元的性能将直接影响式(3-1)中的处理时间.但如前所述,当设备确定下来后,预处理时间和后处理时间也固定了.其次,对于图2-3中的系统来说,设备的驱动方式和采样周期对网络诱导延时也有影响.也就是说,在系统中控制器和远程整定单元采用不同的驱动方式和采样周期,会形成不同大小和分布的延时.其中控制器既是数据的发出端,又是最终的接受端,与整定单元比较,控制器的驱动方式对延时的影响更大.这里主要讨论设备驱动方式对延时的影响,可将驱动方式分为时钟驱动和事件驱动两种[2].

3.2.2.1 时钟驱动

时钟驱动是指设备有固定的动作周期,每隔一个周期执行一次操作,比如对于控制器来说,每隔100 ms从整定单元获得更新的参数,同时计算一次控制信号并输出至整定单元.其时序图如图3-1所示.

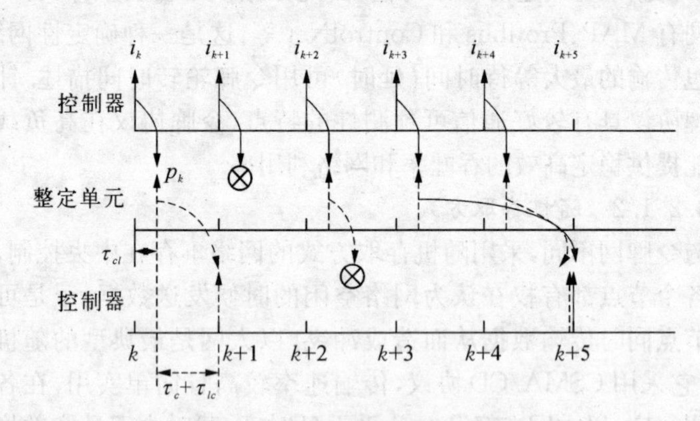

图3-1 时钟驱动控制器时序图

在图3-1中,标记⊗表示数据传输失败,即丢包.在$k+5$时刻,控制器收到两个整定单元数据p_{k+3}和p_{k+4},这时,控制器一般会抛弃旧数据而采用较新数据. 显然，在基于网络整定的控制系统之中采用时钟驱动的控制器，控制器→整定单元→控制器的往返总延时将是采样周期的整数倍. 假设采样周期为 h，则有

$$\tau^k/h = 1,\ 2,\ 3,\ \cdots \tag{3-2}$$

3.2.2.2 事件驱动

而事件驱动是指，当前设备只要收到上级设备的数据，马上动作并给出输出量到下级设备. 对于事件驱动整定单元，只要收到控制器发送的数据就马上运行整定算法，得到新的控制器参数，并发给控制器. 而事件驱动的控制器也是如此，其时序图如图 3-2 所示.

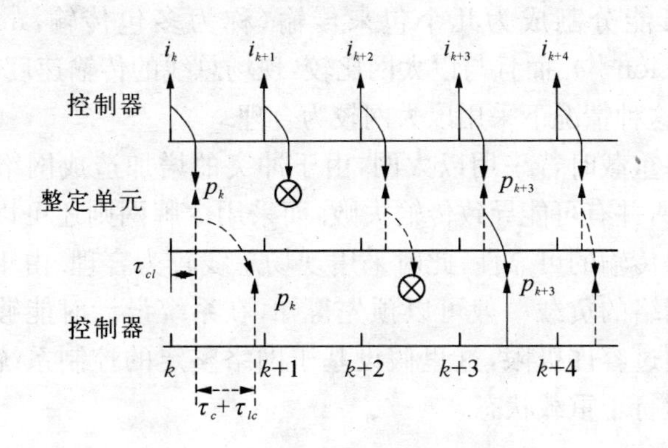

图 3-2 事件驱动控制器时序图

由图 3-2 可知，在基于网络整定的控制系统之中采用事件驱动的控制器，一般情况下控制器→整定单元→控制器的往返总延时不是采样周期的整数倍.

3.3 通信协议和设备驱动方式选择标准

显然，通信设备和控制设备对网络诱导延时有重要影响，同时会

改变延时的性质,且这种影响会波及延伸到延时估计、控制算法和整定算法的实现等方面.因而针对特定的整定算法和网络条件,提出一套通信设备和控制设备的选择标准是有必要的.

3.3.1 通信协议的选择

以3.1中的令牌网和随机网络为研究对象,以典型的令牌网—现场总线和典型的随机网—以太网为选择目标,讨论在不同的整定算法复杂程度和网络负载下通信协议的选择依据.

网络轻载,整定算法比较复杂且输出的结果占用的数据位很多时,采用以太网是较好的选择.因为以太网帧格式最多可以包含2 500个字节,无疑提高了传输效率.若用现场总线,一次整定结果可能分割成为几个包来传输(称为多包传输,multi-packet transmission[3]).而且与以太网比较,现场总线的传输速度较慢.综合考虑,在这种情况下采用以太网较为合理.

网络重载时若采用以太网,由于冲突的增加造成网络诱导延时急剧上升,并有可能导致传输失败.而采用令牌网则还可以在一定程度上确保传输的可靠性,此时采用现场总线较为合理.由于控制系统中通信网络的负载一般可以预先得知,在系统设计时能够保证网络负载不超过容许极限,这里假设基于网络整定的控制系统中的通信网络不运行于重载状态.

3.3.2 驱动方式的选择

此外,设备的采样周期及采样方法对网络也有影响.也就是说在如图2-3所示的控制系统中,连接于通信网络之上的控制器和整定单元是时钟驱动或是事件驱动,采样周期是否一致,数据帧长度是否一致对延时等网络性能也有影响.同时,在一般控制系统之中,控制设备的选择基本上都是由对象或控制系统设计要求所决定,而不考虑网络因素.因此在设计时考虑这些因素对网络性能并导致对控制性能的影响是有实际意义的.

控制器和远程整定单元组成整定回路,控制器把对象信息 i_k 下载给整定单元,待其处理后把结果 p_k 回传给控制器. 可见,控制器既是信息的发送方,又是最终的接受方. 控制器的驱动方式对往返延时的大小及分布具有重要影响. 控制器若采用事件驱动方式,一得到对象信息就会下载给远程整定单元. 相比时钟驱动方式来说,往返延时会较小但差别小于一个采样周期,参考图 3-1 和图 3-2 的时序图就会很容易发现这一点. 同时,由于事件驱动没有固定的时钟控制,往返延时可由下式描述:

$$\tau \in R[\tau^{\min}, \tau^{\max}] \tag{3-3}$$

其中, τ 为网络诱导延时, $\tau^{\min}$ 和 $\tau^{\max}$ 分别为其上下界.

控制器若采用时钟驱动方式,假设采样周期为 h,则控制器存在固定的采样周期,可以假设网络控制系统为一个具有严格脉冲采样信号的离散系统[9],有

$$\tau \in \Delta \cdot h,\ \Delta \in N[\Delta^{\min}, \Delta^{\max}] \tag{3-4}$$

其中, $\Delta^{\max} = ceil(\tau^{\max}/h)$, $\Delta^{\min} = ceil(\tau^{\min}/h)$ (其中 $ceil(\cdot)$ 表示向上取整函数). 于是,如式(3-4)所示,在理论上保证可以把网络诱导延时抽象为一个等于采样周期整数倍的离散量. 这样延时问题变得更为简化,使得以后控制系统的分析和设计变得较为简单. 显然,对于延时的测量、分析、建模甚至预测来说,控制器采用时钟驱动方式较为合理,而且在实际系统中易于实现. 而远程整定单元采用何种驱动方式将不会影响往返延时的连续或离散性质,只会影响其大小. 若其采用事件驱动方式在一定程度上可以减小延时.

对于一般的基于网络整定的控制系统来说,控制器采用时钟驱动,整定单元采用事件驱动是一种比较理想的选择,但尚须具体情况具体分析.

3.3.3 延时测量实验

通过以上分析可知，在基于网络整定的控制系统之中，采用以太网连接的时钟驱动控制器和事件驱动整定单元是比较通用的选择. 为了验证上述的分析结果，分别建立了基于 DeviceNet 和以太网的延时测量平台. 在图 3－3(a)中，上位机负责数据传输，总线上共有三个 DeviceNet 节点，每个设备包含一块 DeviceNet 适配器，实现与上位机的通信. 为了模拟类似图 2－3 整定回路中的延时，上位机向设备 1 发送数据，设备 1 收到数据后立即回送给上位机，对整个传输过程的端对端延时进行测量，其中上位机为时钟驱动，设备 1 为事件驱动. 在图 3－3(b)中，以太网上连有三台计算机，和上面类似，测量计算机 1 和 2 之间数据传输的往返延时，其中计算机 1 为时钟驱动，计算机 2 为事件驱动. 当两台计算机连接好后，其中一台立即开始向另一台发送数据，发送一组数据后立即断开连接. 而另一台计算机在收到数据后，立刻恢复连接，再回送数据包. 这种连接—断开—再连接的情况比较真实，因为网络并不是一直连通的，而是时断时续. 以上试验共得出两组数据，实验条件、延时测量数据和分布情况如表 3－2、图 3－4 和 3－5 所示.

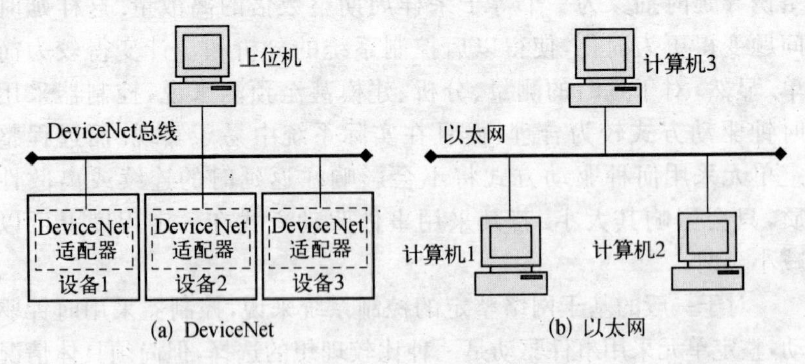

图 3－3　DeviceNet 和以太网延时测量平台

表 3－2　网络诱导延时实验数据

	网络诱导延时/ms			测试条件
	平均值	最大值	方　差	网络内共有 3 个节点,每个节点在指定的时间周期(100 ms)内发送 8 个字节有效数据,共进行 1 000 次测量.
DeviceNet	46.36	47.41	0.12	
Ethernet	15.27	37.01	27.14	

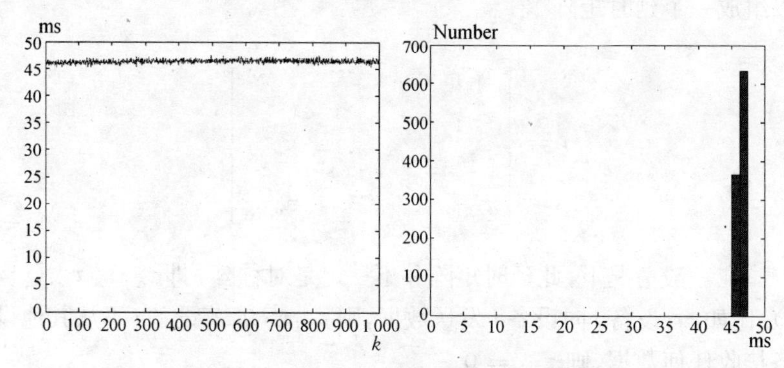

图 3－4　DeviceNet 延时测量结果及分布

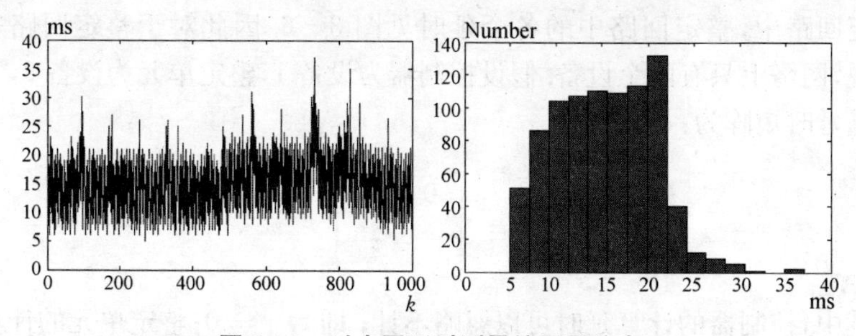

图 3－5　以太网延时测量结果及分布

分析延时测量数据并研究其分布情况,得到以下结果:在低负载条件下,DeviceNet 网络的延时波动不大、比较固定;而以太网的传输延时较小,但与 DeviceNet 比较,延时波动较为明显,这与上面的分析结果是一致的.

3.4 网络诱导延时的性质分析

假设网络上有 N 个节点(设备),于是在理论上有 N^2 个延时存在的可能性. 其中,记 $\tau_{i,i}$, $i\in[1, N]$为设备 i 的计算延时,记 $\tau_{i,j}$, i, $j\in[1, N]$, $i\neq j$ 为不同设备从 i 到 j 之间的网络诱导延时. 于是可以组成一个延时矩阵[43]

$$\boldsymbol{\tau}=\begin{bmatrix}\tau_{1,1} & \tau_{1,2} & \cdots & \tau_{1,N}\\ \tau_{2,1} & \ddots & & \\ \vdots & & \ddots & \\ \tau_{N,1} & & & \tau_{N,N}\end{bmatrix}$$

在一般情况下,此延时矩阵并不一定是对称阵,即 $\tau_{i,j}\neq\tau_{j,i}(i\neq j)$. 比如,若设备 i 向设备 j 发送数据,则 $\tau_{i,j}>0$,若设备 i 不从其他设备接收任何数据,则 $\tau_{j,i}=0$.

针对图 2-3 中的基于网络整定的控制系统,延时只是出现在整定回路中,整定回路中的各个延时见图 3-6. 因此对于整定回路来说,网络上只有两个设备. 假设控制器为设备 1,整定单元为设备 2,于是延时矩阵为:

$$\boldsymbol{\tau}=\begin{bmatrix}0 & \tau_{cl}\\ \tau_{lc} & \tau_{c}\end{bmatrix}$$

其中,控制器的计算延时可以忽略不计,即 $\tau_{1,1}=0$;整定单元的计算延时为 $\tau_{2,2}=\tau_c$;$\tau_{1,2}=\tau_{cl}$ 为控制器至整定单元网络诱导延时;$\tau_{2,1}=\tau_{lc}$ 为整定单元至控制器网络诱导延时. 可见,所有的延时由控制设备和通信网络产生[7],另外还需考虑整定单元的计算延时,因此在整定回路中共有三个延时.

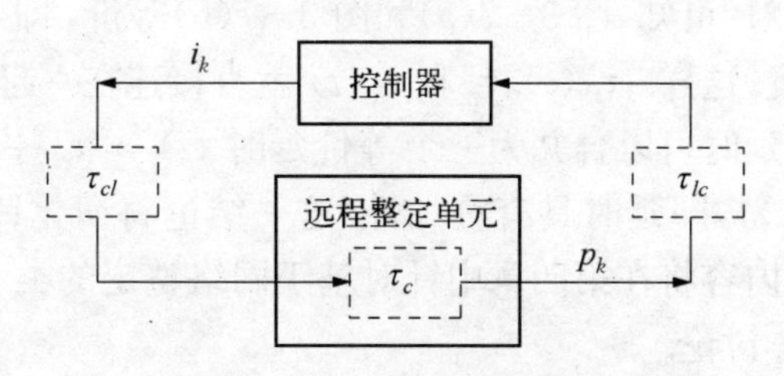

图 3-6　整定回路中的延时

由上述分析可知，网络设备和控制设备是影响延时的主要因素，但当延时确定后，它又有哪些性质呢？比如在分析问题时多个分散延时是否可以合并为一个等价的集中延时？以下分别从静态整定算法和动态整定算法两个角度进行分析.

3.4.1　静态整定算法的延时叠加性

考虑图 3-6 中的整定回路，控制器和远程整定单元通过网络连接，整定回路中的三个延时 τ_{cl}、τ_c 和 τ_{lc} 都是时变延时，若采用静态整定算法 $l(\cdot)$，整定回路中的信息流如图 3-7(a)所示.

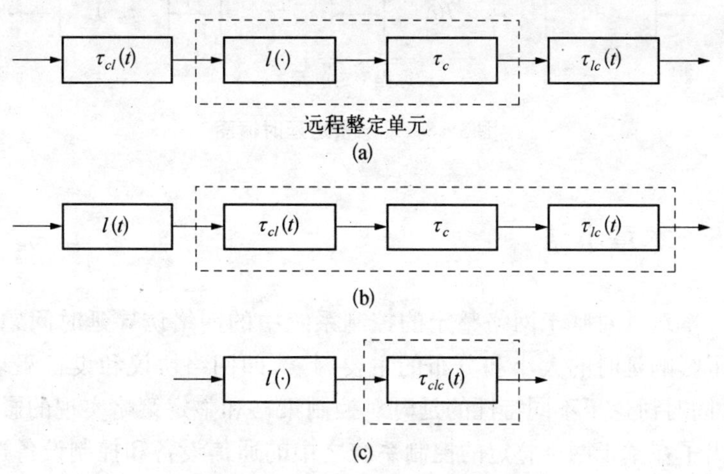

图 3-7　静态整定延时框图

由文献[21]可知，图3-7(a)和图3-7(b)等价，即$\tau_{cl}(t)$和$l(\cdot)$可以交换位置. 这样，$\tau_{cl}(t)$、τ_c和$\tau_{lc}(t)$就直接连在一起. 又根据文献[21]，这三个延时可以合并为一个等价延时$\tau_{clc}=\tau_{cl}+\tau_c+\tau_{lc}$考虑(见图3-7(c))，即延时具有叠加性. 这一结论将简化针对延时的性能分析，相关内容将在第四章中针对基于网络整定的类PD型模糊控制系统中具体讨论.

3.4.2 动态整定算法的延时叠加性

同3.4.1节类似，若采用动态整定算法，整定回路中的信息流图如图3-8所示. 显然，这里整定算法$l(t)$不是静态过程，是一个动态方程，根据文献[21]，$\tau_{cl}(t)$和$l(t)$是不能相互交换位置的. 这样，就不能像静态整定算法一样，把多个延时叠加成为一个延时考虑. 当然，针对特定的动态整定算法，如果采取一定的措施，比如将随机时变延时放大为固定延时，情况就有所不同，有可能实现延时的叠加，这将在第五章～第七章中针对基于网络辨识的自适应控制系统中具体讨论.

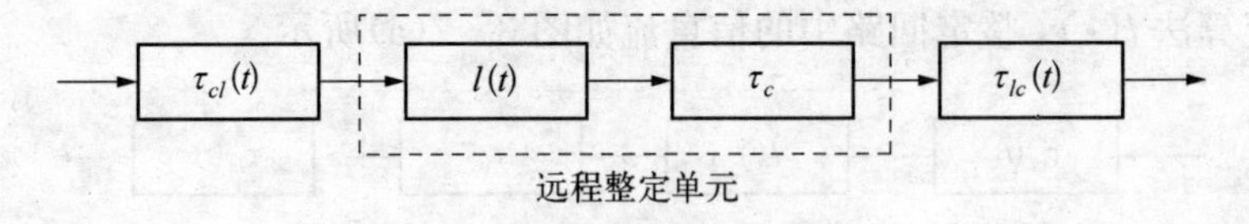

图3-8　动态整定延时框图

3.5 本章小结

本章针对基于网络整定的控制系统中的网络诱导延时问题，研究了影响延时的大小和分布的主要因素，即网络协议和设备驱动方式. 同时讨论了不同特性的延时对控制策略和整定策略实现的影响，提出了在基于网络整定的控制系统之中的通信设备和控制设备选择的依据. 在基于网络整定的控制系统之中，采用以太网连接的时钟驱动控制器和事件驱动整定单元是比较通用的选择，为基于网络整定的控制系统在设备选用方面提出了具有参考价值的标准和依据，对于推动其在生产现场的顺利应用提供了原则性的指导，在以下研究中均采用这种组合.

此后，在包含远程整定单元的整定回路中，分析了前向和后向网络诱导延时的交换性和叠加性，解决了采用不同类型整定算法的远程整定单元的延时可叠加性问题. 研究结果表明：1）在静态整定算法中，前向和后向的随机时变网络诱导延时以及整定单元的计算延时可以看作为一个等价的集中延时进行研究；2）而在动态整定算法中，一般情况下，前向和后向的随机时变网络诱导延时不能合并为一个等价的集中延时，延时的叠加性需要特定的条件才可以满足. 相关研究对于简化基于网络整定的控制系统的分析与设计过程具有重要意义.

充分掌握以太网延时的形成因素和性质，是进一步实现基于网络整定的控制系统的性能分析，研究整定回路中的延时对于控制系统性能影响的基础. 但以太网延时的时变及不确定性又是一个比较棘手的难题，分析延时对于控制系统性能和稳定性的影响并提出相应的解决方案加以处理将是本文后面的研究重点.

第四章 基于网络整定的类 PD 型模糊控制系统

4.1 引言

在线性系统理论中,PID控制是最简单实用、生命力最强、应用最广且发展比较成熟的一种基本控制算法,它既可以依靠数学模型通过解析的方法进行设计,也可不依赖模型而凭经验和试凑来确定. PID 控制在各种控制问题中有极为广泛的成功应用,特别是在工业现场,可以说是保有量最大的控制器[70, 72-74].

但是由于系统的精确模型未知,由一般方法所得 PID 参数仍须进一步调节,这主要依靠一些语言信息的经验知识. 而模糊控制具有传统控制无法比拟的优点. 同基于精确数学模型的 PID 控制方法相比,模糊控制在处理不精确与启发式知识,以及控制具有高度不确定性的复杂系统时具有明显的优越性[75, 76].

为了进一步提高系统性能,针对复杂对象,可以考虑采用模糊控制器代替 PID 控制器. 同时可以考虑在原有模糊控制器的基础之上,通过通信网路连接的远程整定单元进行相应的参数调整,形成基于远程整定的类 PD 型模糊控制系统[77].

以上这种方法就是一种典型的基于网络整定的控制系统. 在本章中,以基于网络整定的类 PD 型模糊控制系统为案例,试图从控制角度分析延时对控制系统的影响. 显然,网络诱导延时将影响整定结果传输的实时性,继而影响控制器参数更新的实时性,而这种实时性的降低会对控制性能有何影响? 下面章节将进行具体研究与分析.

4.2 基于网络整定的类 PD 型模糊控制器的构建

4.2.1 解析描述的模糊控制器

基本模糊系统具有标准的模糊化处理、模糊推理、清晰化处理 3 个基本环节，其中模糊规则的输入与输出均为模糊量. 模糊控制规则是模糊控制器设计的核心，最初的模糊控制器主要是依据模糊规则合成的模糊查询表，龙升照和汪培庄[73]于 1982 年提出了带调整因子的模糊控制规则

$$U = \langle \alpha \cdot E + (1-\alpha) \cdot EC \rangle$$

其中 E 为误差的模糊子集、EC 为误差变化的模糊子集，它将原有的模糊查询表简化为一个解析表达式，利用调整因子对模糊控制规则进行自动调整，修正因子 α 的大小反映了控制规则中偏差和偏差变化率所占的权重. 但这种控制规则的单因子自调整方法存在一些不足，就是其控制规则只依赖一个参数 α. 一旦确定了 α，偏差和偏差变化率所占的权重就不能改变. 于是，又出现了根据不同的状态来选用不同的调整因子的方法[76]，从而相应改变了模糊控制规则，其中模糊规则体现为不断变化的调整因子，这种带自调整因子的解析描述模糊逻辑系统是模糊控制器的一种简单易用的实现方式.

假设被控对象可用线性时不变模型描述为

$$\begin{aligned} & y(k) + a_1 y(k-1) + a_2 y(k-2) + \cdots + a_n y(k-n) \\ & = b_1 u(k-1) + \cdots b_m u(k-m) \end{aligned} \tag{4-1}$$

其中 $y(k)$是系统输出，$u(k)$是系统输入(控制输出)，k 是采样步数，n 和 m 分别为 $y(k)$和 $u(k)$的阶数.

考虑模糊控制器有两个输入：误差 $e(k)$和误差变化率 $ec(k)$，G_e 和 G_{ec} 分别为误差和误差变化率的量化因子，G 为输出的比例因子. 若模糊控制器采用以上带自调整因子的解析描述法实现，于是

控制律为

$$u(k) = G \cdot \langle \alpha(k) \cdot G_e \cdot e(k) + [1 - \alpha(k)] \cdot G_{ec} \cdot ec(k) \rangle \tag{4-2}$$

其中 $\alpha(k)$ 为调整因子或参数调整机制，$\langle \cdot \rangle$ 表示取整. 它根据不同的误差及其变化率来自适应地调整参数.

4.2.2 类 PD 型模糊控制器

为了计算方便，若不考虑式(4-2)中的取整过程，展开可得

$$\begin{aligned} u(k) &= \alpha(k) \cdot G \cdot G_e \cdot e(k) + [1 - \alpha(k)] \cdot G \cdot G_{ec} \cdot ec(k) \\ &= K_P(k) \cdot e(k) + K_D(k) \cdot ec(k) \end{aligned} \tag{4-3}$$

其中 $K_P(k) = \alpha(k) \cdot G \cdot G_e, K_D(k) = [1 - \alpha(k)] \cdot G \cdot G_{ec}$.

可见，这种模糊控制器与传统的 PD 控制器的不同之处在于它采用模糊推理机制，但作为一种控制器，它的设计方法同 PID 控制器有类似之处. 从结构上分析，二维模糊控制器一般利用输出误差、误差变化来决定控制作用，这一点类似于 PD 控制器. 因此，我们可以利用式(4-3)近似达到模糊控制器的功能，这种控制器可以称为类 PD 型模糊控制器[77].

参数调整机制 $\alpha(k)$ 根据对象输出情况动态调整 PD 参数. 比如，调整 $\alpha(k)$ 的大小可以改变对误差和误差变化的不同加权程度. 当系统误差较大时，控制系统的主要任务是消除误差，这时需对误差在控制规则中给予较大的加权，误差越大，加权也越大；相反当误差较小时，此时系统已接近稳态，控制系统的主要任务是使系统尽快稳定，这样就要求在控制规则中误差变化起的作用大些，则需要对误差变化加较大的权. 这些要求只靠一个固定的加权因子 α 难以满足，于是考虑对 α 进行在线的调整，以实现模糊控制规则的自适应性. 根据这样的原则，采用一种能根据误差和误差变化进行自动调整的加权因子函数式来描述 $\alpha(k)$[75]. 出于以上考虑，$\alpha(k)$ 的在线调整可以视作

$K_P(k)$和$K_D(k)$的调整机制，这里为了以后分析方便，把$\alpha(k)$解析表示为

$$\alpha(k) = l(e(k), ec(k))$$

常用的参数调整算法为

$$\alpha(k) = \frac{|e(k)|}{|e(k)| + |ec(k)|} \tag{4-4}$$

显然根据2.4.1节，$\alpha(\cdot)$为静态整定算法.

4.2.3 具有远程整定功能的类PD型模糊控制器

用经由通信网络连接的远程整定单元在线改变控制器参数，只要控制器中的参数调整机制是通过网络上非控制器的其他设备完成，由2.1中的“定义2-1”可知这种控制系统就是一种典型的基于网络整定的控制系统，其控制系统结构如图4-1所示.

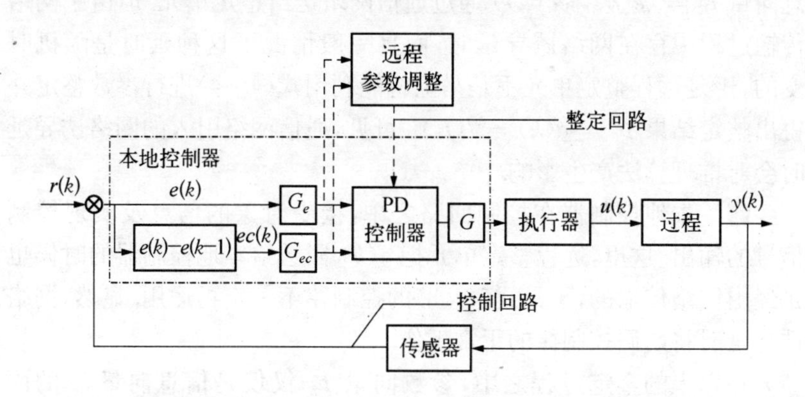

控制回路用实线表示；整定回路通过网络连接，由远程整定单元实现参数整定过程，用虚线表示.

图4-1 带网络整定单元的类PD型模糊控制器

把图4-1改画为图4-2，它包含两个回路：一个控制回路和一个参数调节回路，而且整定回路是通过通信网络闭环的. 当整定回路

由网络连接后，控制器就从物理上分为两部分，分别称为本地控制器和远程整定单元.

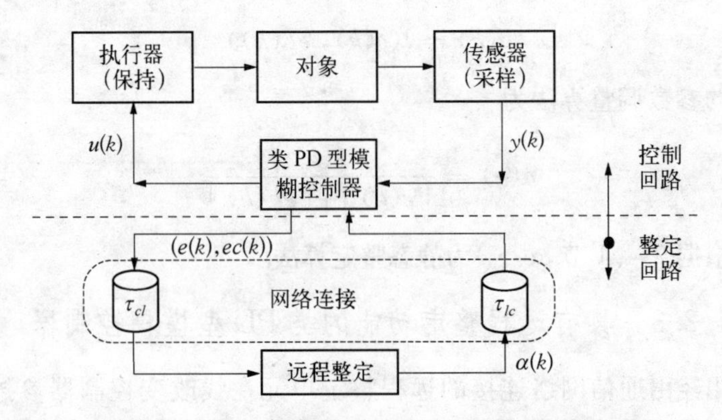

图 4－2　基于网络整定的类 PD 型模糊控制系统

■　远程整定单元在整定回路之中，控制器以固定的周期将信息向量 $i_k=(e(k),\ ec(k))$ 通过通信网络送给整定单元. 但由于网络传输过程中存在网络诱导延时，而且一般情况下这种延时是随机时变的，于是远程整定单元不是马上就能利用式(4－4)进行参数整定并得出整定结果 $p_k=\alpha(k)=l(i_k)$. 可见，通信网络引入的网络诱导延时会对推理算法产生影响.

■　本地控制器在控制回路之中，接受对象的信息及实现控制信号的输出. 这里，远程整定单元把 $\alpha(k)$ 回送给本地控制器的时候也是经由网络传输的，于是式(4－3)的控制律不一定再适用. 显然，网络诱导延时将妨碍控制律的正常工作.

在以上的整定过程之中，参数向量 p_k 仅仅是信息向量 i_k 的函数，而和信息所处的时间 k 无关，故为典型的静态整定算法. 若是采用了网络整定方案之后，网络诱导延时在静态整定算法之下有何特殊性质？下面章节将着重给予分析.

当然，本章中讨论的整定算法比较简单，计算量可能也不大，在实际应用之中，选用计算功能稍为强大的控制器就能够实现本地自整定,并无必要采用网络整定.但通过网络整定改造原有的传统控制器,使之具有先进控制器的功能是具有实际意义的.同时,这里选用类 PD 型模糊控制只是作为一个静态整定的典型例子,用于研究通信网络对于整定算法及控制律的影响.若能够推广到其他整定算法更为复杂,本地控制器无法承担其巨大的计算量的控制问题时,将使得传统控制器的设备性能出现重要的改进.显然,这是一个实际而又有意义的研究课题.

4.3 基于网络整定的类 PD 型模糊控制系统中的延时分析

4.3.1 延时的假设

由图 4-2 可知,整定回路中的延时包括控制器至整定单元延时 $\tau_{cl}(t)$、整定单元至控制器延时 $\tau_{lc}(t)$ 及整定单元的计算延时 $\tau_c(t)$. 为了分析方便,在延时方面作出如下假设:

【假设 4-1】 控制器的工作为时钟驱动,整定单元则为事件驱动;

【假设 4-2】 控制器至整定单元延时 $\tau_{cl}(t)$ 和整定单元至控制器延时 $\tau_{lc}(t)$ 均有界,且最大值已知:

$$\tau_{cl}(t) \leqslant \tau_{cl}^{\max},\ t > 0,\ \tau_{lc}(t) \leqslant \tau_{lc}^{\max},\ t > 0 \tag{4-5}$$

【假设 4-3】 网络传输不存在丢包现象;

【假设 4-4】 整定单元存在计算延时,认为其是常数:

$$\tau_c(t) = \tau_c$$

【假设 4-5】 控制器计算延时可以忽略.

4.3.2 延时的叠加性

τ_{cl} 和 τ_{lc} 为网络引发的网络诱导延时,它们是由设备和网络共同决定的. 控制器为时钟驱动是指其有固定的动作周期，在这里每隔一个采样周期把信息向量 $i_k = (e(k), ec(k))$ 发送给远程整定单元. 记 $\tau_{cl}(kh)$ 为控制器在 kh 时刻向整定单元发送数据时的网络诱导延时，即在 kh 发送的信息包$[i_k] = [(e(k), ec(k))]$要滞后 $\tau_{cl}(kh)$ 后才到达整定单元；而整定单元为事件驱动是指整定单元只要收到控制器发送的新数据就马上运行整定算法，得到最新的参数向量 $p_k = \alpha(k)$ 估计并回送给控制器作为计算新控制量的根据. $\tau_{lc}(t)$ 为整定单元在 t 时刻向控制器发送参数向量时的网络诱导延时，即在 t 时刻发送的参数包$[p_k]$ 要滞后 $\tau_{lc}(t)$ 后才到达控制器.

远程整定单元采用静态整定算法 $\alpha(\cdot)$，根据 3.4.1 节的分析，可以把图 4-2 的三个分散延时 τ_{cl}、τ_{lc} 及 τ_c 合并为一个等价的集中延时，具体分析如下：

在整定单元端，假设第 k 个信息包$[i_k]$ 到达整定单元的时间为 t_L^k，则

$$t_L^k = kh + \tau_{cl}(kh) = kh + \tau_{cl}^k \tag{4-6}$$

其中 $\tau_{cl}^k = \tau_{cl}(kh)$ 为第 k 个信息包$[i_k]$ 从控制器到整定单元所经历的网络诱导延时.

假设第 k 个信息包$[i_k]$ 经过整定单元得到参数估计值 p_k，参数包$[p_k]$ 又经过网络传输到达控制器的时间为 t_C^k，于是

$$t_C^k = t_L^k + \tau_c + \tau_{lc}(t_L^k + \tau_c) = t_L^k + \tau_c + \tau_{lc}^k \tag{4-7}$$

其中 $\tau_{lc}^k = \tau_{lc}(t_L^k + \tau_c)$ 为第 k 个参数包$[p_k]$ 从整定单元到控制器所经历的网络诱导延时. 用式(4-6)代入可得

$$t_C^k = kh + \tau_{cl}^k + \tau_c + \tau_{lc}^k$$

因此数据在通信网络上传播的往返总延时为

$$\tau_{clc}^k = t_C^k - kh = \tau_{cl}^k + \tau_c + \tau_{lc}^k \tag{4-8}$$

由于控制器为时间驱动，记 t_{C+}^k 为到达控制器被用作产生控制信号的

时间,它为采样周期 h 的整数倍,且 $t_{C+}^{k} \geqslant t_{C}^{k}$.

$$t_{C+}^{k} = ceil\left(\frac{kh + \tau_{clc}^{k}}{h}\right) \times h$$

显然,第 k 个数据包的往返总延时为

$$\tau^{k} = t_{C+}^{k} - kh = ceil\left(\frac{kh + \tau_{clc}^{k}}{h}\right) \times h - kh = ceil\left(\frac{\tau_{clc}^{k}}{h}\right) \times h \tag{4-9}$$

τ^{k} 也是 h 的整数倍,且 $\tau^{k} > \tau_{clc}^{k}$,而与其对应的采样间隔为

$$\Delta^{k} = \tau^{k}/h = ceil\left(\frac{\tau_{clc}^{k}}{h}\right) \tag{4-10}$$

可见根据 3.4.1 中的分析,在静态整定算法中,整定算法与时间 k 无关,对于 i_k 的整定结果总是 p_k,只是不同的延时导致整定结果到达控制器的时间不同而已. 因此,只要 t_{C}^{k} 固定下来,对于第 k 次整定就确定下来了. 由上述分析可知,三个延时可以合并为一个等价的集中延时 τ^{k},这将使得针对延时的性能分析更为简单. 由此,图 4-2 中的整定回路可以改画为图 4-3.

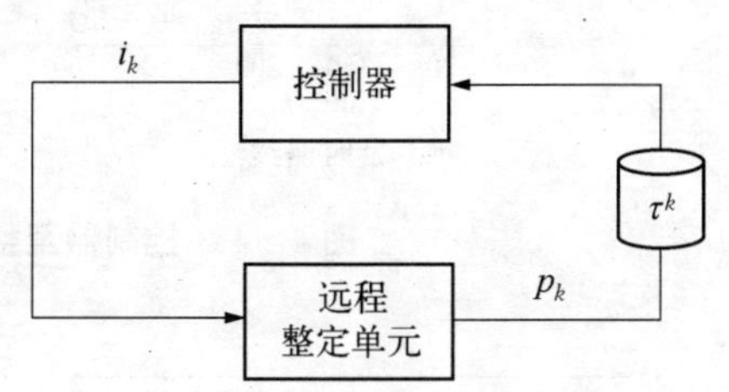

图 4-3　整定回路中的延时的合并

4.3.3　往返总延时的最大值

由上面分析可知,在整定单元为静态整定算法的条件下,整定回路中的延时可以叠加为一个等价延时. 因此延时的上限也可以叠加. 由于在远程整定单元确定的情况下,根据“假设 4-4”整定单元的计算延时可以假设为常数 $\tau_c(t) = \tau_c$. 于是根据式(4-5)及“假设4-2”,往返通信延时 τ_{clc}^{k} 必然满足

$$\tau_{clc}^{k} \leqslant \tau_{cl}^{\max} + \tau_{c} + \tau_{lc}^{\max} \tag{4-11}$$

但是显然 τ_{cl}^{k} 和 τ_{lc}^{k} 不一定同时达到最大值[78]，于是 $\tau_{cl}^{\max} + \tau_{c} + \tau_{lc}^{\max}$ 并不一定就是 τ_{clc}^{k} 的最大值，即

$$\tau_{clc}^{\max} \neq \tau_{cl}^{\max} + \tau_{c} + \tau_{lc}^{\max} \tag{4-12}$$

利用 3.3.3 节中的延时测量平台，进行延时测试分别获得的控制器至整定单元延时和整定单元至控制器延时，结果如图 4-4 和图 4-5 所

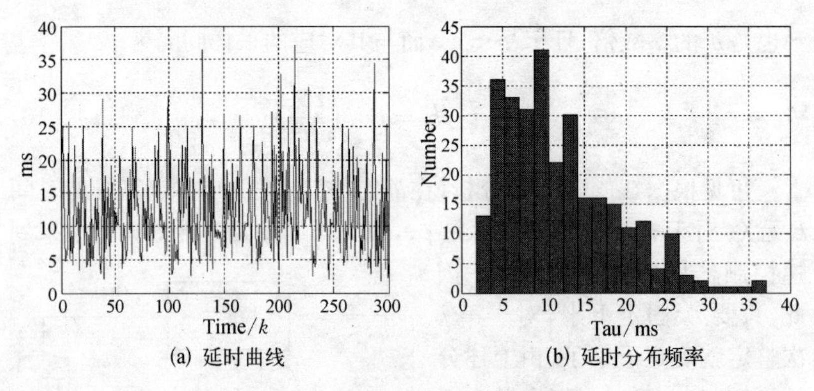

(a) 延时曲线　　(b) 延时分布频率

图 4-4　控制器至整定单元延时 τ_{cl}^{k}

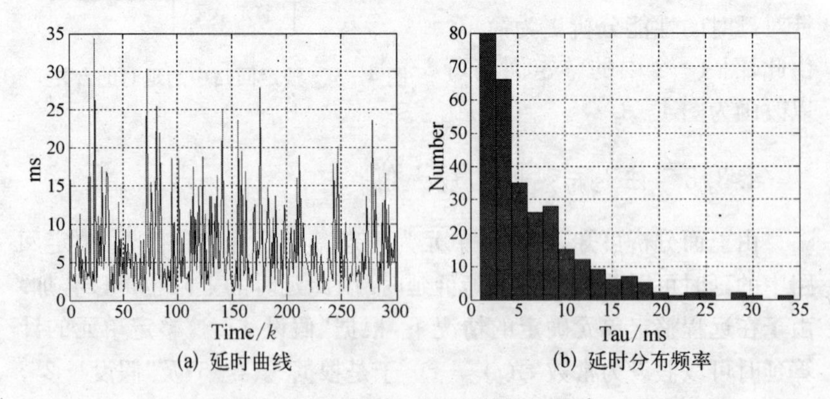

(a) 延时曲线　　(b) 延时分布频率

图 4-5　整定单元至控制器延时 τ_{lc}^{k}

示.同时,设整定单元的计算延时为 $\tau_c = 1\,\text{ms}$,而往返延时为两者叠加(见图 4-6).由实验结果可知:$\tau_{cl}^{\max} = 37.08\,\text{ms}$,$\tau_{lc}^{\max} = 34.32\,\text{ms}$,而

$$\tau_{clc}^{\max} = 48.19\,\text{ms} < \tau_{cl}^{\max} + \tau_c + \tau_{lc}^{\max} \tag{4-13}$$

这也验证了以上的分析.

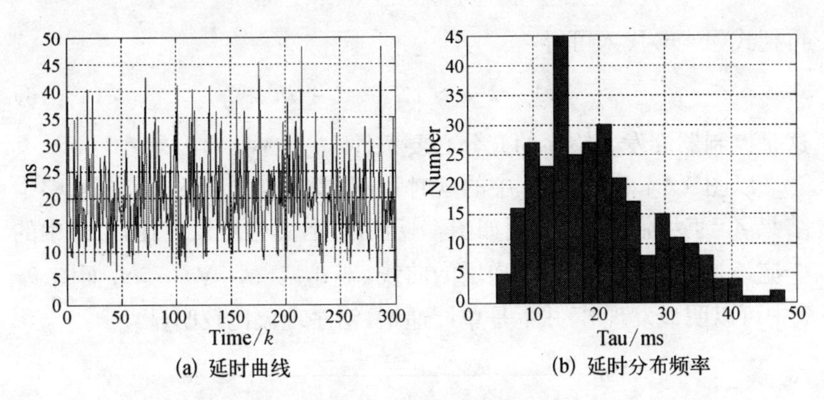

(a) 延时曲线　　(b) 延时分布频率

图 4-6　往返总延时 τ_{clc}^{k}

因此在求取往返总延时的最大值 $\tau_{clc}^{\max}$ 时,应该把其当作两个随机变量相加成为一个随机变量考虑,而不是简单地把最大值叠加.同时可以得到考虑时钟驱动的往返总延时最大值:

$$\tau^{\max} = ceil\left(\frac{\tau_{clc}^{\max}}{h}\right) \times h \tag{4-14}$$

它也是采样周期 h 的整数倍.同时定义往返最大采样间隔如下:

$$\Delta^{\max} = \frac{\tau^{\max}}{h} = ceil\left(\frac{\tau_{clc}^{\max}}{h}\right),\ \Delta^{\max} \in N \tag{4-15}$$

4.3.4　错序

在随机接入网络中网络诱导延时一般都是时变的,如果时变严重的话,可能造成先发送的数据反而后到的情况,这在整定单元和控

制器端都可能发生,这种现象称为数据错序[79-81].根据以上的分析,在静态整定算法条件下,不必考虑整定单元端的错序,因此整定回路中的所有延时可以叠加为一个等价延时后在控制器端分析错序现象.

若 $t_C^k > t_C^{k+i}$, $i \in N$ 则控制器端错序发生,把式(4-7)代入可得

$$t_L^k + \tau_c + \tau_{lc}^k > t_L^{k+i} + \tau_c + \tau_{lc}^{k+i}$$

再把式(4-6)代入可得

$$\tau_{lc}^k - \tau_{lc}^{k+i} > \tau_{cl}^{k+i} - \tau_{cl}^k + ih \tag{4-16}$$

这是控制器端发生错序的充分必要条件.

以图 4-4 和图 4-5 中的延时为例,设采样周期 $h = 1$ ms,整定结果 p_k 到达控制器的时间如图 4-7 所示.若无错序发生,图 4-7 中的 t_C^k 应该是随着时间 k 单调递增的曲线,即 $t_C^{k+i} > t_C^k, \forall i \in N$.而图 4-7 中可以明显发现 t_C^k 并不是单调递增,错序现象比较明显.

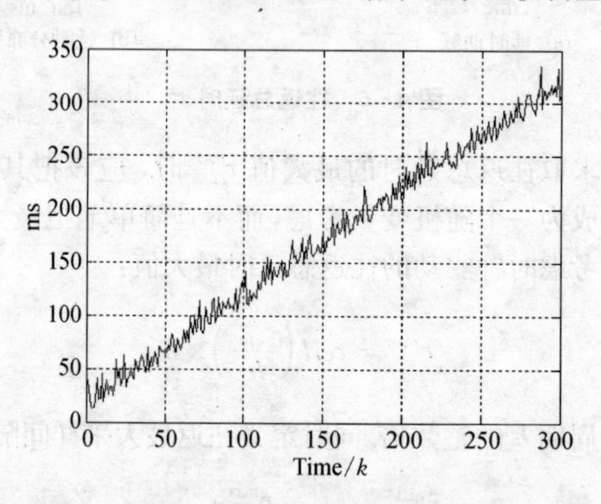

图4-7 整定结果(参数包[p_k])到达控制器时间 t_C^k

4.4 通信网络对于控制性能的影响

如图 4-2 所示,控制器向整定单元发出的数据为 i_k,而从其收到

的为 p_k，把式(4-1)的被控对象方程写为

$$y(k)=f(y(k-1),\cdots,y(k-n),u(k-1),\cdots,u(k-m)) \tag{4-17}$$

而由于网络诱导延时的存在，考虑往返总延时把式(4-3)带远程整定功能的控制器方程改写为：

$$u(k)=G\cdot(\alpha(k-\Delta^k)\cdot G_e\cdot e(k)+(1-\alpha(k-\Delta^k))\cdot G_{ec}\cdot ec(k)) \tag{4-18}$$

上式也可以描述如下：

$$u(k)=g(e(k),ec(k),p_{k-\Delta^k}) \tag{4-19}$$

其中

$$p_{k-\Delta^k}=l(i_{k-\Delta^k})=\alpha(k-\Delta^k) \tag{4-20}$$

是从远程整定单元获得的整定结果，其中 $l(\cdot)$ 是远程整定单元的整定算法，$i_{k-\Delta^k}$ 是 $k-\Delta^k$ 时刻的信息向量，Δ^k 是等价的往返总延时所对应的采样间隔(见式 4-10).

可见，通信网络引入了延时和错序，其中延时必然会影响参数调整的实时性，而错序的发生将影响参数调整的正确性. 以下针对一个实际对象进行案例研究，观察通信网络对于控制系统的影响.

【案例 4-1】 参考文献[72]中的类 PD 型模糊控制系统，设工业过程传递函数为

$$G(s)=\frac{523\,500}{s^3+87.35s^2+10\,470s} \tag{4-21}$$

于是，考虑在输入端采用零阶保持器，采样周期 $h=1$ ms，其离散传递函数为

$$G(z)=\frac{8.533\times10^{-5}z^2+3.338\times10^{-4}z+8.169\times10^{-5}}{z^3-2.906z^2+2.823z-0.916\,4} \tag{4-22}$$

但式(4-4)的整定算法不是连续函数,难以求导,为了以后分析方便把整定算法表示为

$$\alpha(k)=\frac{1}{(1+\exp^{-a[G_e\cdot e(k)-G_{ec}\cdot ec(k)-c]})}=\frac{1}{(1+\exp^{-s(k)})}$$

其中初值 $\alpha(0)=0.5$,$s(k)=a[G_e\cdot e(k)-G_{ec}\cdot ec(k)-c]$,$a$ 和 c 为常数. $\alpha(k)$ 的值会随时根据系统的控制状态的变化进行自动校正以达到 4.2.2 节中所述的调整功能,从而达到较满意的控制效果. 信息经由通信网络传输以后,控制律则变为式(4-18),其中误差和误差变化率的量化因子分别取 $G_e=0.9$,$G_{ec}=0.1$,控制器输出的比例因子 $G=0.38$,参数调整机制 $\alpha(\cdot)$ 中的常数 $a=2$,$c=-0.7$.

考虑如图 4-4 所示的控制器至整定单元延时和图 4-5 所示的整定单元至控制器延时,同时假设整定单元计算延时 $\tau_c=1$ ms,对系统进行了仿真,并与不存在网络整定延时现象的理想系统(即对所有 k, $\tau^k=0$) 进行了比较,仿真结果见图 4-8 和图 4-9.

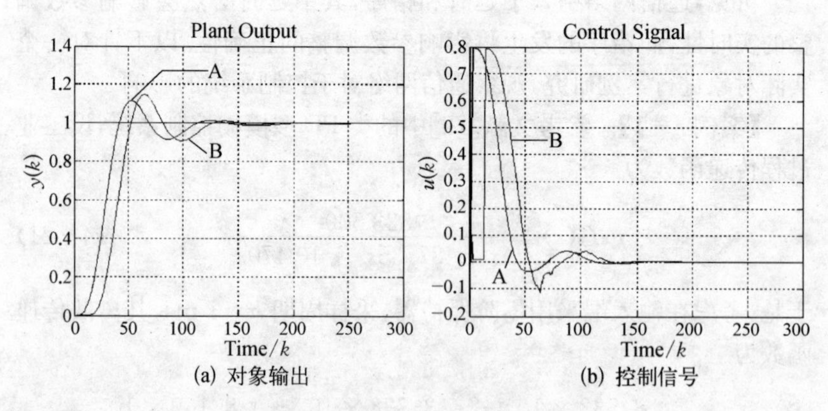

(a) 对象输出 (b) 控制信号

A:直接连接无延时;B:网络连接,有延时

图 4-8 延时对控制性能的影响

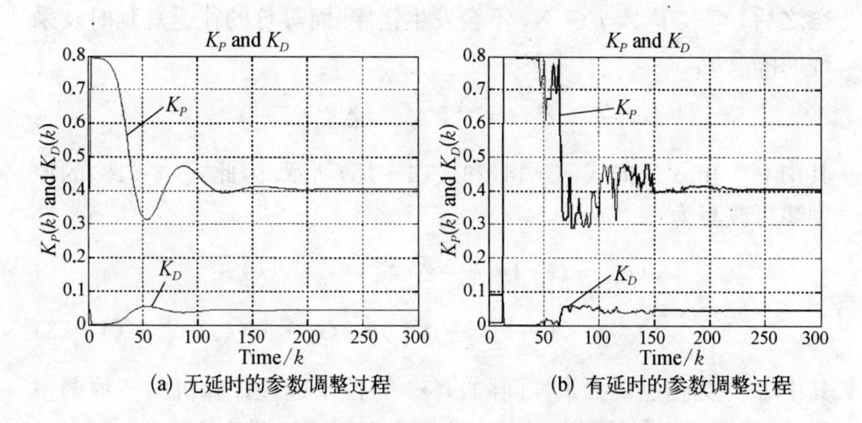

(a) 无延时的参数调整过程　　(b) 有延时的参数调整过程

图 4－9　延时对参数修正过程的影响

4.5　控制性能分析

4.5.1　放大至最大延时

由 4.3.1 节中的“假设 4－2”可知，控制器至整定单元延时 τ_{cl}^{k} 和整定单元至控制器延时 τ_{lc}^{k} 均有最大值且最大值已知. 首先在控制器向整定单元发送数据时，给数据包打上时间标签：$i_k = (e(k), ec(k), k)$；而在整定单元向控制器回送参数的时候也加上时间标签：$p_k = (\alpha(k), k)$. 同时在控制器端设立缓冲器(见图 4－10)，这样就可以把收到的数据按照时间次序排列. 然后使得每个数据在缓冲区内都待满最大延时 $\tau^{\max}$(见式 4－14)后再送出，这样把时变延时放大到固定的最大延时.

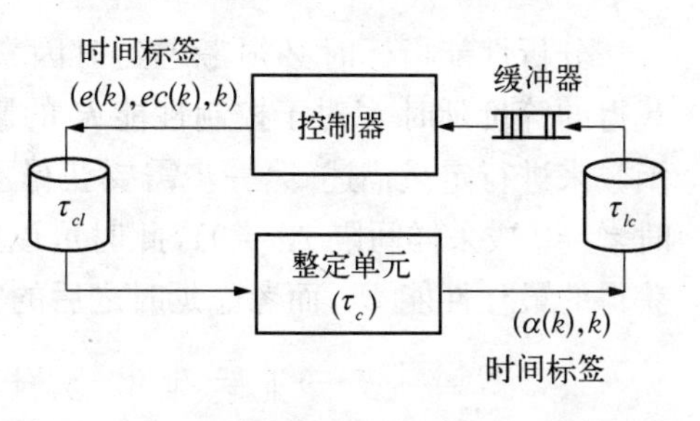

图 4－10　采用缓冲器和时间标签的整定回路

显然，经过最大延时补

偿之后，$t_C^k < t_C^{k+j}$，$j \in N$，不会发生错序. 而等价的往返总延时及采样间隔变成

$$\tau^k = \tau^{\max},\ \Delta^k = \Delta^{\max}$$

其中 $\tau^{\max}$ 和 $\Delta^{\max}$ 如式(4-14)和式(4-15)所示. 因此式(4-18)的控制律可改写为

$$\begin{aligned} u(k) = G\cdot(\alpha(k-\Delta^{\max})\cdot G_e\cdot e(k) + \\ (1-\alpha(k-\Delta^{\max}))\cdot G_{ec}\cdot ec(k)) \end{aligned} \quad (4-23)$$

其中 $\Delta^{\max}$ 为往返最大采样间隔，$\alpha(\cdot)$ 为位于远程计算机的参数调整机制，它根据不同的误差及其变化率来自适应地调整参数.

4.5.2 性能指标及性能下降函数的定义

对基于网络整定的控制系统实施性能分析，首先需要对其性能进行定义，此处可借用控制系统原有的性能指标. 对于给定的期望参考输入 $r(k)$，性能指标便可定义为输出 $y(k)$ 与 $r(k)$ 之间的距离，

$$P = \| y - r \| \quad (4-24)$$

采用不同的范数定义，可以获得不同的性能指标，例如在离散情况下，

$$J = \left[\frac{1}{N}\left(\sum_{k=1}^{N}(y(k)-r(k))^2\right)\right]^{\frac{1}{2}} \quad (4-25)$$

分析性能指标时必须考虑延时因素，为了进一步研究在上一节获得的等价延时 τ^k 对于控制性能 P 的影响，因此需要建立性能下降函数来进行定量描述. 第一步需要获得不考虑延时的性能指标(即延时 $\tau^k=0$ 或采样间隔 $\Delta^k=0$)，此时可以假设这时的性能为当前可能获得的最佳性能 P_0，而考虑延时之后的实际性能为[82]

$$\begin{aligned} P = \| y - r \| = \| y - y_0 + y_0 - r \| \leqslant \\ \| y - y_0 \| + \| y_0 - r \| = \| \Phi \| + P_0 \end{aligned} \quad (4-26)$$

其中 $y_0 = y(\Delta^k = 0)$ 为不考虑延时的"最佳"响应，$P_0 = \| y_0 - r \|$ 则是相应的"最佳"性能，$\Phi = y - y_0$ 为性能下降函数. 于是获得以下定义.

【定义 4-1】 假设基于网络整定的控制系统的实际输出响应为 $y(k)$，而延时为零时的"最佳"输出为 $y_0(k)$，定义 $\Phi(k) = y(k) - y_0(k)$ 为性能下降函数(Performance Degradation Function)，用来衡量网络诱导延时对控制品质的影响.

常用的控制系统性能指标(如式(4-25))主要用于衡量一个时间段内控制品质的优劣，若用于基于网络整定的控制系统，只能静态观察特定延时对于性能的影响. 而 $\Phi(k)$ 是专门用来衡量延时对于控制性能影响的函数，可以动态观察不同时刻由延时引发的性能下降，且为解析分析延时和控制性能之间的关系提供可能的途径.

4.5.3 性能下降函数的计算

显然，性能下降函数 Φ 是 k 与 $\Delta^{\max}$ 的函数，如何得到 Φ 与 $\Delta^{\max}$ 的关系是关键. 设函数 $\Phi(k, \Delta^{\max})$ 在 $\Delta^{\max}$ 处具有 n 阶的连续导数，则对 $\Phi(k, \Delta^{\max})$ 在 $\Delta^{\max} = 0$ 处对其可以进行泰勒展开，获得其 n 阶麦克劳林公式为[82]

$$\begin{aligned}\Phi(k, \tau) &= \Phi(\Delta^{\max} = 0) + \frac{\partial \Phi}{\partial \Delta^{\max}} \cdot \Delta^{\max} + \frac{1}{2!} \cdot \frac{\partial^2 \Phi}{\partial (\Delta^{\max})^2} \cdot (\Delta^{\max})^2 + \cdots + \\ &\quad \frac{1}{n!} \cdot \frac{\partial^n \Phi}{\partial (\Delta^{\max})^n} \cdot (\Delta^{\max})^n + R_{n+1}(\Delta^{\max}) \\ &= \varphi_1 \Delta^{\max} + \varphi_2 (\Delta^{\max})^2 + \cdots + \varphi_n (\Delta^{\max})^n + R_{n+1}(\Delta^{\max}) \\ &\approx \sum_{i=1}^{n} \varphi_i (\Delta^{\max})^i \end{aligned} \tag{4-27}$$

其中

$$\Phi(\Delta^{\max}=0)\equiv 0,\varphi_i=\frac{1}{i!}\cdot\frac{\partial^i\Phi}{\partial(\Delta^{\max})^i},\ i=1,\ 2,\ \cdots n$$

$$R_{n+1}(\Delta^{\max})=\frac{1}{(n+1)!}\cdot\frac{\partial^{(n+1)}(c)}{\partial(\Delta^{\max})^{(n+1)}}(\Delta^{\max})^{n+1},\ c\in(0,\ x)$$

为拉格朗日余项. 显然若 $\Delta^{\max}$ 很小,则二次项及以后高阶项也可以忽略不计,只要求出$\frac{\partial\Phi}{\partial\Delta^{\max}}$,这样 $\Phi(k,\ \Delta^{\max})$ 就成为 $\Delta^{\max}$ 的线性函数;若 $\Delta^{\max}$ 较大,则可以在一阶导数$\frac{\partial\Phi}{\partial\Delta^{\max}}$基础上再次求出高阶导数,得到 $\Phi(k,\ \Delta^{\max})$ 的拟和表达式. 因此,在以上建立在通信网络基础上(考虑网络诱导延时)的整定控制系统之中,由整定回路中的延时导致的性能下降是可分析,并在一定假设条件下是可解析表示的.

考虑形如式(4-17)被控对象,若采用放大至最大延时方法,带远程整定功能的控制律为式(4-23),也可以如下描述

$$u(k)=g(e(k),\ ec(k),\ p_{k-\Delta^{\max}}) \tag{4-28}$$

$$p_{k-\Delta^{\max}}=l(i_{k-\Delta^{\max}})=\alpha(k-\Delta^{\max})$$

由于 $\Phi=y-y_0$,性能下降函数 Φ 对于延时 $\Delta^{\max}$ 的一阶导数为

$$\frac{\partial\Phi}{\partial\Delta^{\max}}=\frac{\partial y}{\partial\Delta^{\max}} \tag{4-29}$$

在一阶导数的基础上,还可以求得二阶甚至更高阶导数,从而获得形如式(4-27)的拟和表达式.

【案例4-2】 考虑"案例4-1"中的类PD型模糊控制系统,尝试求取性能下降函数. 把式(4-28)代入式(4-29),可得

$$\frac{\partial\Phi}{\partial\Delta^{\max}}=\frac{\partial y}{\partial\Delta^{\max}}=\sum_{i=1}^{m}\left(\frac{\partial y(k)}{\partial u(k-i)}\cdot\frac{\partial u(k-i)}{\partial\Delta^{\max}}\right) \tag{4-30}$$

其中第一项 $\frac{\partial y(k)}{\partial u(k-i)}$, $i=1,\ 2,\ \cdots,\ m$ 可以通过式(4-17)的对

象数学模型得到，例如$\frac{\partial y(k)}{\partial u(k-1)}=b_1$. 若对象的数学模型不可知，则可以通过神经网络等建模工具获得，而第二项$\frac{\partial u(k-i)}{\partial \Delta^{\max}}$可以通过$u(k)$和$\alpha(k)$的定义求出.

当延时较小时，$\Phi(k,\ \Delta^{\max})\approx\left.\frac{\partial \Phi(k,\ \Delta^{\max})}{\partial \tau}\right|_{\Delta^{\max}=0}\cdot\Delta^{\max}$. 当延时较大时，类似地，可以求出$\Phi(k,\ \Delta^{\max})$的二阶、三阶甚至更高阶导数来拟和$\Phi(k,\ \Delta^{\max})$.

4.5.4 性能下降函数的分析

性能下降函数的建立和计算，为分析延时对控制性能的影响开辟了一条简单、直观和有效的途径. 同时还可以根据性能下降函数给出最大可容许延时τ_{MATD}和最大性能下降$\Phi_{\max}$的定义.

【定义 4－2】 假设系统的最大容许性能下降（Maximum Allowable Performance Degradation）为$\|\Phi_{MAPD}\|$，对于性能下降函数$\Phi(\Delta^{\max})$，若$\|\Phi(\Delta^{\max})\|=\|\Phi_{MAPD}\|$，且$\|\Phi(\Delta^{\max}>\Delta^{MATD})\|>\|\Phi_{MAPD}\|$，则定义$\tau^{MATD}=\Delta^{MATD}\cdot h$为最大可容许延时（Maximum Allowable Time Delay）.

【定义 4－3】 假设整定回路中的等价延时的最大值为$\tau^{\max}=\Delta^{\max}\cdot h$（参见 2.2 节），对于性能下降函数$\Phi(\tau)$，定义$\|\Phi_{\max}\|=\|\Phi(\Delta^{\max})\|$为最大性能下降.

最大可容许延时τ^{MATD}可以借助性能下降函数的反函数，通过最大容许性能下降Φ_{MAPD}求得；而通过实际测量或分析获得的等价延时的最大值$\tau^{\max}$，可求得最大性能下降$\Phi_{\max}$.

$$\tau^{MAPD}=\Phi^{-1}(\Phi_{MAPD})\cdot h \tag{4－31}$$

$$\Phi_{\max}=\Phi(\Delta^{\max})=\Phi(\tau^{\max}/h) \tag{4－32}$$

在基于网络整定的控制系统的分析与设计过程中，我们的设计

目标是什么？通过以上分析就此问题可以给出一个明确的答案. 由于基于网络整定的控制系统是网络和控制的融合体，对于网络诱导延时的研究方法也可以分别从通信(网络)和控制两方面分别入手：一是 IT 工程师力求通过提高网络速度、改善通信协议来最大限度地降低实时数据的网络诱导延时，降低等价延时的最大值 $\tau^{\max}$，使得 $\tau^{\max}<\tau^{MATD}$；二是假设通信网络已经确定，即 $\tau^{\max}$不变. 控制工程师则在考虑延时的前提下设计控制策略，或采用补偿方法克服延时的影响，来改变性能下降函数并尽量减小最大性能下降 $\|\Phi_{\max}\|$，使得 $\|\Phi_{\max}\|<\|\Phi_{MAPD}\|$. 我们分别可以称以上两种方法为“通信(网络)策略”和“控制策略”. 这两种方法的目标都是一样的，即 $\tau^{\max}<\tau^{MATD}$ 和 $\|\Phi_{\max}\|<\|\Phi_{MAPD}\|$ 是等价的. 以上两种设计方法之间的区别和对应关系见表 4-1.

表 4-1　通信策略 vs. 控制策略

	通信(计算机网络)角度	控制论角度
目　标	$\tau^{\max}<\tau^{MATD}, \Phi_{\max}<\Phi_{MAPD}$	
问题描述	一系列通信任务所组成的任务链	带有固定或时变延时的控制器和自调整机制设计问题
解决方法	提出保证各个节点以规定的次序、在规定的时间内顺利地传输数据的调度算法，以减小 $\tau^{\max}$	在不改变延时的情况下进行控制器和自调整机制的设计，改变原有的性能下降函数，减小 $\Phi_{\max}$

【案例 4-3】 继续“案例 4-2”的性能分析，保持对象和控制算法不变，分别针对不同的 $\Delta^{\max}$ 进行仿真，观察不同延时对性能的影响，并验证以上性能下降函数分析方法的可行性. 从图 4-11(a)可知，在延时较小时($\Delta^{\max}<10$)，性能下降函数可以近似表示为形如 $\Phi(k,\ \Delta^{\max})\approx\frac{\partial\Phi(k,\ \Delta^{\max})}{\partial\Delta^{\max}}\cdot\Delta^{\max}$ 的一次线性函数，表现在图 4-11(b) 中，式(4-25) 中

的系统性能随着延时的增长线性下降;从图 4-12(a) 可知,当延时较大时($\Delta^{max} > 10$),则不能忽略式(4-27)中的二阶甚至二阶以上的高阶项,即性能下降函数不能简化为延时的线性函数(参见图 4-12(b)). 以上的仿真结果验证了本小节中性能下降函数分析方法的可行性.

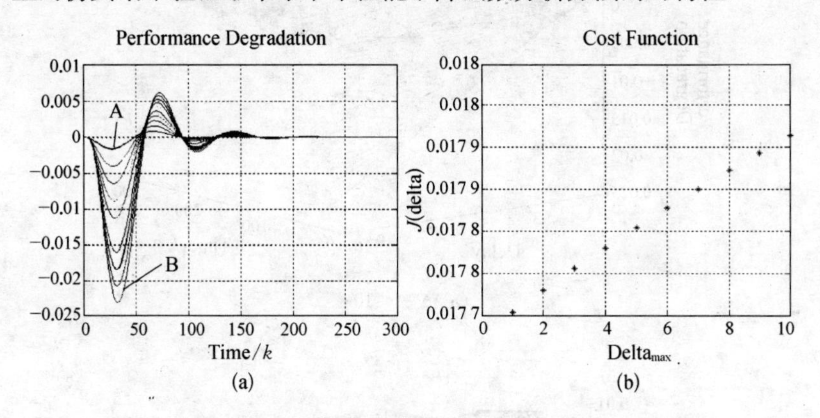

(a) 性能下降函数 $\Phi(k)$(A: $\Delta^{max}=1$;B: $\Delta^{max}=10$,在 A、B 中间,从上至下依次为 $\Delta^{max}=2\sim9$); (b) 性能指标 J

图 4-11　延时较小时的性能下降仿真

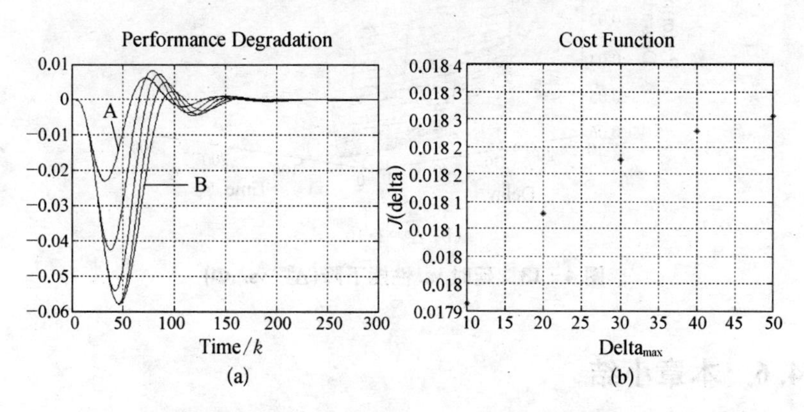

(a) 性能下降函数 $\Phi(k)$(A: $\Delta^{max}=10$;B: $\Delta^{max}=50$,在 A、B 中间,从左至右依次为 $\Delta^{max}=20, 30, 40$); (b) 性能指标 J

图 4-12　延时较大时的性能下降仿真

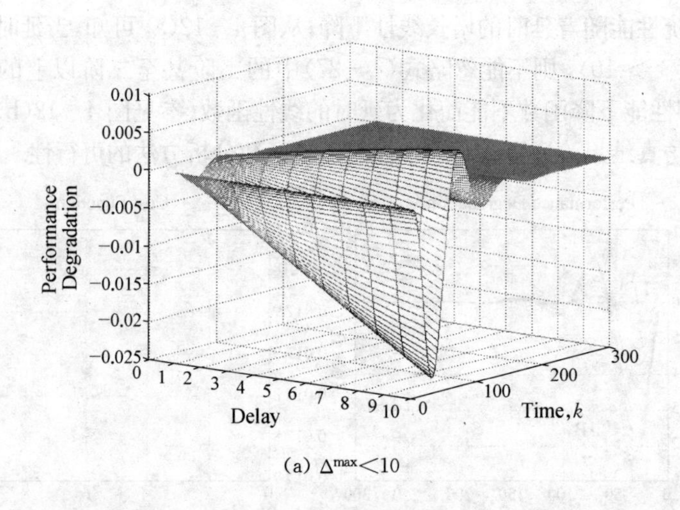

(a) $\Delta^{\max}<10$

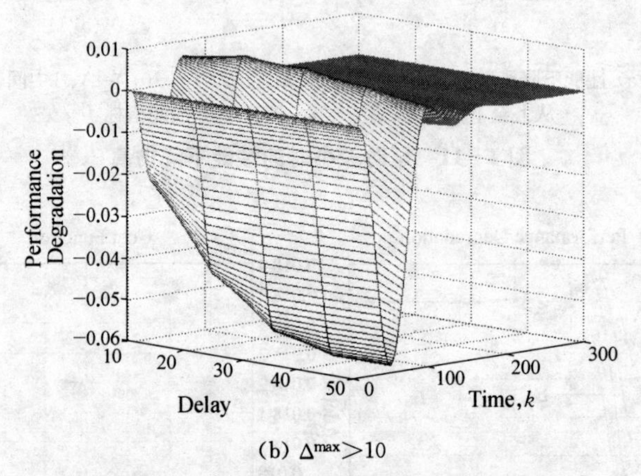

(b) $\Delta^{\max}>10$

图 4-13 延时 vs. 性能下降($\Delta^{\max}$ vs. Φ)

4.6 本章小结

本章构建了一种基于网络整定的类 PD 型模糊控制系统，其中参数整定过程 $\alpha(\cdot)$在远程计算机上的整定单元之中实现. 由于通信网络本身的不确定性，造成数据传输过程中的网络诱导延时．同时，由于这种推理属于静态整定算法，提出并理论分析了把整定回路中分散的网络诱导延时和计算延时建模为集中延时的等效结构，并和控制系统模型融为一体．显然，在用网络构造的整定控制系统体系中，等价的往返总延时和随之而来的错序现象会对控制系统产生消极影响，其中延时会影响参数调整的实时性，相应仿真研究已证实了这种负面影响的客观存在．

随后，本章提出了在控制器端采用时间标签和缓冲器的技术，由此随机时变延时变成了固定延时．此后，为了定量分析延时对控制性能的影响，构建了一种新的性能评价方法—性能下降函数，并在此基础之上，提出了解析描述延时对性能影响的方法．同时，利用性能下降函数，提出了根据允许的性能下降上限，求得整定回路中的最大可容许延时的方法，这在一定程度上简化了系统的分析和设计过程．

本章主要解决了一种采用特定静态整定算法的基于网络整定的控制系统分析和设计问题，但相应的研究结果也可以用于其他方面的研究．比如，文中构建的性能下降函数以及最大可允许延时，就可以为进一步研究延时对各种整定算法的收敛性、控制系统稳定性的影响，以及为采取何种补偿算法和鲁棒策略等问题提供了新的思路．

第五章　基于网络辨识的自适应控制系统

5.1　引言

在第四章中，整定算法根据系统性能对类 PD 型模糊控制器参数进行在线调整，期望获得更好的控制性能. 如前所述，此种整定算法属于静态整定算法，即整定结果(参数向量)仅仅是输入的信息向量的函数，而和信息向量所处的时间无关. 从前面的案例研究可见，采用前述的静态整定算法能够在一定范围内对控制器参数进行直接调整，可以在不改变底层控制体系的条件下改造传统控制系统，使之获得与采用先进控制策略类似的效果. 另外，这种基于网络整定的控制系统对于网络不确定现象的鲁棒性较强，即使网络引入的网络诱导延时很大甚至发生丢包，控制器也能够沿用控制器的初值或以前的参数进行底层控制，可见这类控制器的初值选择是非常关键的. 根据经典控制理论，在设计这类常规反馈控制器的初值时，需要对被控对象的特征有相当的了解，这是此类控制器设计的条件.

可见，静态整定算法只能根据当前收到的数据进行判断来刷新控制器的参数，而与收到的数据所处时间无关，是一种比较简单的整定方法. 它能在一定程度上改善性能，但无法进行动态判断. 实际上，有许多实际对象的特性是难以了解或者是随时间有较大变化的. 当对象参数或外部干扰发生显著变化时，静态整定算法对于控制器的微调就不足以解决问题，需要采用具有更强适应能力的控制器，才能满足更高精度的控制要求.

自适应控制就是一种典型的具有较强自适应能力的控制方法，如图 5－1 所示，其控制系统的外环为辨识回路，辨识器(参数估计器)

在线进行对象参数估计;内环为控制回路,控制器根据确定性等价原则利用参数辨识结果实现控制律.在这个领域,K. J. Astrom等[83,84]作出了开创性的工作,提出了自校正控制器的概念;G.C. Goodwin等[71,85,86]则严格证明了此类系统的输出收敛性.随后,许多学者又针对时变及非线性对象作了许多重要的工作[87-89],极大地推动了自适应控制理论及应用的发展,相关研究一直持续至今.

可见,自适应控制系统比常规的反馈控制系统多了一个附加的回路,这里称为辨识回路.根据对象的实际输出和参考信号,自适应机构在线修改控制器参数或者产生一个附加控制信号,使得系统的性能指标保持或接近希望的性能指标.显然,反馈控制是为了消除实际对象的状态所受的外界干扰,自适应控制是为了消除被控对象自身动态参数变化的作用.

若自适应控制系统中的辨识回路由通信网络连接(见图5-1中的虚框),则其就是一种典型的基于网络整定的控制系统(参见文献[16]).而在图5-1的框架中,网络出现在辨识回路中,由此网络诱导延时也是在辨识回路中,这种延时会对原有的自适应控制系统产生如何的影响?这是本章研究的主要目的.虽然自适应控制的研究有较长的历史且已经比较深入,但针对此类问题的研究尚未见诸报导.

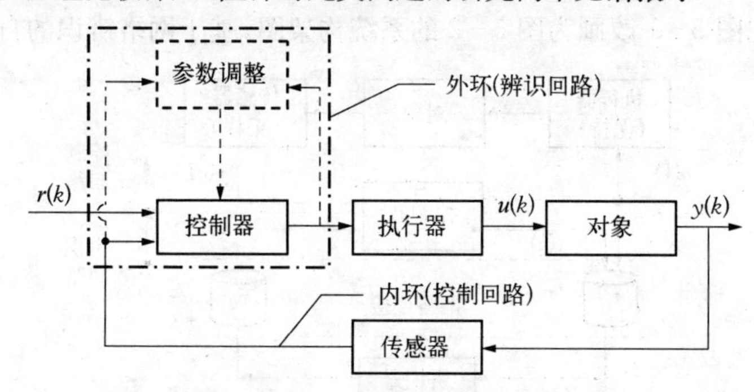

内环(或控制回路)由常规控制回路组成,用实线表示;
外环(或辨识回路)通过通信网络连接,用虚线表示

图5-1　自适应控制系统

由 2.4.2 节可知，与前面的静态整定算法比较，自适应控制中的整定算法为递归整定算法，是一种典型的动态整定算法. 如 3.4.2 节所述，在引入网络辨识概念之后，网络不确定现象对于不同类型的整定算法的影响也是不同的，相应的控制系统的分析与设计方法也有明显的区别. 与静态整定算法相比，动态整定算法不但利用当前数据，而且和数据所处的时间有关，即根据当前收到的数据和以前的整定结果进行综合判断，对于被控对象的特性有了更好的刻画. 但其显然也是一种更为复杂的整定方法，由于动态整定算法和信息向量所处的时间有关，这样它对数据的到达次序有严格要求，若网络数据传输发生错序现象，会使得整定算法失效或误用. 因此这种算法对通信网络也有了更严格的要求，相应问题将在下面进行详细分析.

5.2　基于网络辨识的自适应控制系统的原理

在一个自适应控制系统中，控制器的参数时时刻刻都在进行调整，表明控制器的参数在追随被控对象的变化. 自适应控制的研究分为连续与离散两个流派，而基于网络连接的控制器与远程整定单元显然都由计算机实现，因此这里提及的均为离散时间系统的自适应控制.

把图 5－1 改画为图 5－2 的系统构架图，基于网络辨识的自适应

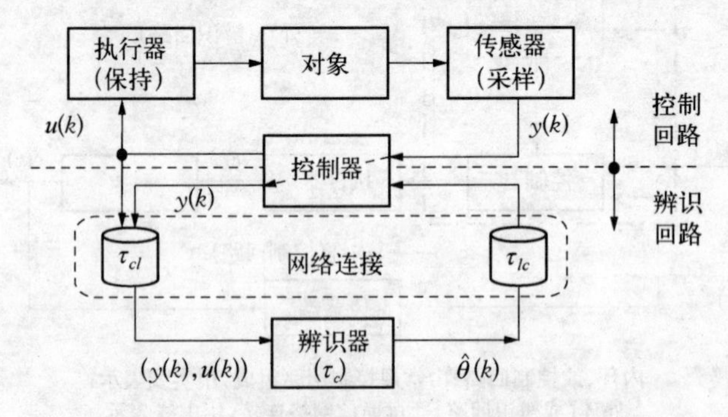

图 5－2　基于网络辨识的自适应控制系统

控制系统由一个控制回路和一个辨识回路组成,其中辨识回路通过通信网络连接[11].由于远程整定单元完成的任务是被控对象的参数辨识,以下把远程整定单元称为辨识器.

假设被控对象模型由 DARMA(确定性 ARMA)模型描述

$$A(q^{-1})y(k) = q^{-d}B(q^{-1})u(k) \tag{5-1}$$

其中

$$A(q^{-1}) = 1 + a_1q^{-1} + \cdots + a_nq^{-n},$$

$$B(q^{-1}) = b_0 + b_1q^{-1} + \cdots + b_mq^{-m}$$

此处$\{u(k)\}$和$\{y(k)\}$分别为输入和输出序列,采样周期为 h,q^{-1}为一步延迟算子,d 为从输入 $u(\cdot)$到输出 $y(\cdot)$间的纯延迟(以采样周期的整数倍计),而 $k=0,1,\cdots$是采样周期的整数倍.

式(5-1)可改写成下述 d 步超前预测模型[71]

$$y(k+d) = \alpha(q^{-1})y(k) + \beta(q^{-1})u(k) \tag{5-2}$$

其中

$$\alpha(q^{-1}) = \alpha_0 + \alpha_1q^{-1} + \cdots + \alpha_{n-1}q^{-(n-1)}$$

$$\beta(q^{-1}) = \beta_0 + \beta_1q^{-1} + \cdots + \beta_{m+d-1}q^{-(m+d-1)}$$

可由$A(\cdot)$,$B(\cdot)$和d计算得到,其中$\beta_0 = b_0 \neq 0$. 据此,式(5-2)可写成

$$y(k+d) = \varphi^{\mathrm{T}}(k)\theta_0 \tag{5-3}$$

其中

$$\varphi^{\mathrm{T}}(k) = [y(k),\ \cdots,\ y(k-n+1);u(k),\ \cdots,\ u(k-m-d+1)]$$

为回归向量,而

$$\theta_0^{\mathrm{T}} = [\alpha_0,\ \cdots,\ \alpha_{n-1};\beta_0,\ \cdots,\ \beta_{m+d-1}]$$

为参数向量.

如果模型(5-3)参数未知,可以通过递推最小二乘法,根据 k 时刻已有的输入/输出数据$(y(k), u(k-d))$进行估计,从而得到 θ_0 的估值 $\hat{\theta}(k)$. 显然,根据"定义 2-1"信息向量 $i_k=(y(k), u(k-d))$,参数向量 $p_k=\hat{\theta}(k)$,然后根据确定性等价原则,将 k 时刻的估计结果认作是真实的参数来确定 k 时刻的控制器输出 $u(k)$. 当不存在通信网络时,控制器和辨识器连为一体,在线估计算法为[71]

$$\hat{\theta}(k)=\hat{\theta}(k-1)+P(k-d)\varphi(k-d)(y(k)-\varphi^T(k-d)\hat{\theta}(k-1)) \tag{5-4}$$

$$P(k-d)=P(k-d-1)-\frac{P(k-d-1)\varphi(k-d)\varphi^T(k-d)P(k-d-1)}{1+\varphi^T(k-d)P(k-d-1)\varphi(k-d)} \tag{5-5}$$

初始条件 $P(-d-1)=P_0>0$ 为正定阵,通常取 $P_0=\alpha I$,其中 I 为单位阵,$\alpha>0$.

而控制律是取 $u(k)$,使得

$$y^*(k+d)=\varphi^T(k)\hat{\theta}(k) \tag{5-6}$$

其中 $y^*(k+d)$ 是 $k+d$ 时刻的期望输出,得控制量为

$$u(k)=\frac{1}{\hat{\beta}_0(k)}\begin{bmatrix} y^*(k+d)-\hat{\alpha}_0 y(k)-\cdots-\hat{\alpha}_{n-1}y(k-n-1) \\ -\hat{\beta}_1 u(k-1)-\beta_{m+d-1}u(k-m-d+1) \end{bmatrix} \tag{5-7}$$

当辨识回路由网络连接后(参见图 5-2),控制器和辨识器就从物理上分离开来. 由此,控制器以固定的周期将输入/输出数据 $i_k=(y(k), u(k-d))$ 通过通信网络送给辨识器. 但由于网络传输过程中存在网络诱导延时,而且一般情况下这种延时是随机时变的,于是辨识器不是马上就能利用式(5-4)和式(5-5)进行参数估计并得出辨识结果 $\hat{\theta}(k)$. 而且辨识器把 $p_k=\hat{\theta}(k)$ 回送给控制器的时候也是经由

网络传输，于是式(5-6)或式(5-7)也不再适用. 可见，由于通信网络引入的网络诱导延时会对辨识算法和控制律都可能产生影响.

在以上的自适应控制方法中采用一步预报控制方法，首先预报下一时刻的输出测量值，根据预报测量值事先计算出下一时刻的控制量. 因此在一个采样周期内要在线完成模型辨识及控制律的计算任务，因而可能产生较大的计算延时，即送出的控制量比采集到输出量延迟一段时间. 但只要计算延时小于一个采样周期，在下一采样时刻到来之前送出控制量，这段延时就不会影响控制性能. 数据传输过程中，根据所需传输的数据量的大小和数据包的长度，可以分为两种情况：

■ 若数据(包括信息向量和参数向量)可以通过一个数据包实现传输，也就是说一个数据包的长度足够容纳信息向量或参数向量的内容，这称为单包传输(single-packet transmission).

■ 而数据需要分割为多个数据包分别传输，待所有数据包都到达后再重新组合获得数据的方式被称为多包传输(multi-packet transmission).

在以后的分析中，针对以太网数据包容量大的特点，均假设符合单包传输情况. 另外，在单包传输条件下，数据包在控制器—辨识器—控制器的网络传输过程之中，往返总延时也会分为两种情况：

■ 最大值小于等于一个采样周期：$\max(\tau_{clc}^{k}) \leqslant h$；

■ 最大值大于一个采样周期：$\max(\tau_{clc}^{k}) > h$.

假设以下的讨论都限于第二种情况.

5.3 延时和错序现象分析

由图5-2可知，辨识回路中的延时包括控制器至辨识器延时$\tau_{cl}(t)$，辨识器至控制器延时$\tau_{lc}(t)$及辨识器的计算延时$\tau_{c}(t)$. 为了分析方便，同第四章类似，在延时方面作出如下假设：

【假设5-1】 控制器的工作为时钟驱动，辨识器则为事件驱动；

【假设5-2】 控制器至辨识器延时$\tau_{cl}(t)$和辨识器至控制器延

时 $\tau_{lc}(t)$ 均有界,且最大值已知,满足

$$\tau_{cl}(t) \leqslant \tau_{cl}^{\max},\ t > 0 \tag{5-8}$$

$$\tau_{lc}(t) \leqslant \tau_{lc}^{\max},\ t > 0 \tag{5-9}$$

【假设 5-3】 网络传输不存在丢包现象. 对于丢包问题将在第七章进行分析;

【假设 5-4】 辨识器存在计算延时,认为其是常数,满足

$$\tau_c(t) = \tau_c \tag{5-10}$$

【假设 5-5】 控制器计算延时可以忽略.

5.3.1 延时

$\tau_{cl}(t)$ 和 $\tau_{lc}(t)$ 为网络引发的网络诱导延时,它们是由设备和网络共同决定的. 控制器为时钟驱动是指其有固定的动作周期,在这里每隔一个采样周期把输入 / 输出数据发送给辨识器. 记 $\tau_{cl}(kh)$ 为控制器在 kh 时刻向辨识器发送数据时的网络诱导延时,即在 kh 发送的数据 $i_k = (y(k),\ u(k-d))$ 要滞后 $\tau_{cl}(kh)$ 后才到达辨识器;而辨识器为事件驱动是指辨识器只要收到控制器发送的新数据就马上运行辨识算法,得到最新的参数估计值并回送给控制器作为计算新控制量的根据. $\tau_{ic}(t)$ 为辨识器在 t 时刻向控制器发送数据(参数估计值)时的网络诱导延时,即在 t 时刻发送的数据 $p_k = \hat{\theta}(k)$ 要滞后 $\tau_{lc}(t)$ 后才到达控制器.

针对图 5-2 所示的系统,考虑控制器至辨识器延时 $\tau_{cl}(kh)$,可知从第一个采样周期发送的数据到第 N 个所经历的平均延时为

$$\tau_{cl}^{\mathrm{avg}} = \frac{1}{N}\sum_{i=1}^{N}\tau_{cl}(ih)$$

5.3.2 错序

在随机接入网络中网络诱导延时一般都是时变的[20, 43],如果时变严重的话,由此可能造成先发送的数据反而后到的情况,这种数据

错序现象在辨识器和控制器端都可能发生.

采用静态整定算法时,由于延时满足叠加性,只需考虑等价往返总延时在控制器端的错序情况即可(参见4.3.4节).而这里的参数辨识算法(递推最小二乘法)属于动态整定算法,延时在一般情况下不满足叠加性.因此,需分别在辨识器端和控制器端分析错序现象.

5.3.2.1　*辨识器端出现错序*

在辨识器端,假设第 k 个数据包 $i_k=(y(k),\ u(k-d))$ 到达辨识器的时间为 t_L^k,则

$$t_L^k=kh+\tau_{cl}(kh)=kh+\tau_{cl}^k \tag{5-11}$$

其中 $\tau_{cl}^k=\tau_{cl}(kh)$ 为第 k 个信息包 $[i_k]$ 从控制器到辨识器所经历的网络诱导延时.若 $t_L^k>t_L^{k+i}$, $i\in N$ 则错序发生,把式(5-11)代入可得

$$\tau_{cl}^{k+i}<\tau_{cl}^k-ih \tag{5-12}$$

$$i<ceil\left(\frac{\tau_{cl}^k-\tau_{cl}^{k+i}}{h}\right) \tag{5-13}$$

此为发生辨识器端错序的充要条件.把式(5-12)中的 i 作为自变量(横轴),$\frac{\tau_{cl}^{k+i}}{h}=\frac{\tau_{cl}((k+i)h)}{h}$ 作为因变量(纵轴),可以得到如图5-3所示的错序区域图.可见,只要在 $(0,\tau_{cl}(kh)/h)$ 点处作一条 $\frac{\tau_{cl}^{k+i}}{h}=\frac{\tau_{cl}^k}{h}-i$ 的直线,在此直线以下并和两条坐标轴围成的区域就是发生错序的区域,而直线和 x 轴以上的区域则是正序区域.

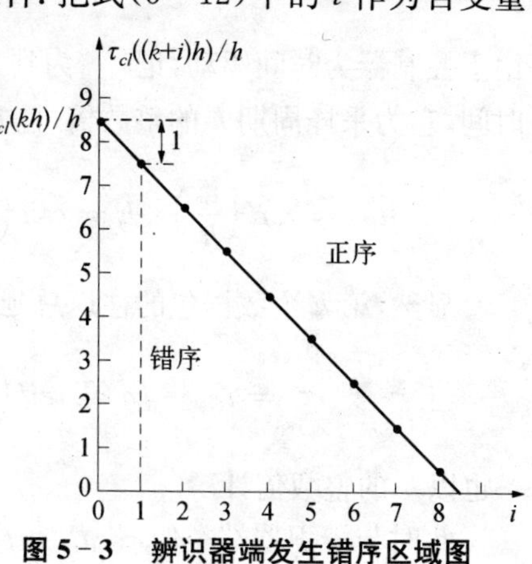

图5-3　辨识器端发生错序区域图

如果把间隔 i 固定下来，此时发生的错序称为 i 步错序（记为 $RO_{cl}(i)$），而其发生概率称为 i 步错序概率（记为 $P(RO_{cl}(i))$），则

$$P(RO_{ci}(i)) = P\left(i < ceil\left(\frac{\tau_{cl}^{k} - \tau_{cl}^{k+i}}{h}\right)\right)$$

5.3.2.2 控制器端出现错序

显然，若在辨识器端就发生错序，而递推算法又不能分辨是否已发生错序，则会对递推算法产生严重影响，此时再讨论控制器端错序已经无实际意义. 于是假设辨识器端无错序发生，即

$$t_L^k < t_L^{k+i},\ i \in N \tag{5-14}$$

在图 5-3 中就是正序区域.

假设第 k 个数据包 $i_k = (y(k),\ u(k-d))$ 经过辨识器得到参数估计值 $p_k = \hat{\theta}(k)$，又经过网络传输到达控制器的时间为 t_C^k，于是

$$t_C^k = t_L^k + \tau_c + \tau_{lc}(t_I^k + \tau_c) = t_L^k + \tau_c + \tau_{lc}^k \tag{5-15}$$

其中 τ_c 为辨识器计算延时；$\tau_{lc}^k = \tau_{lc}(t_L^k + \tau_c)$ 为第 k 个参数包[p_k]从辨识器到控制器所经历的网络诱导延时. 用式(5-11)代入式(5-15)可得：

$$t_C^k = kh + \tau_{cl}^k + \tau_c + \tau_{lc}^k$$

由于控制器为时间驱动，记 t_{C+}^k 为到达控制器被用作参数控制信号的时间，它为采样周期 h 的整数倍，且 $t_{C+}^k \geqslant t_C^k$.

$$t_{C+}^k = ceil\left(\frac{t_C^k}{h}\right) \times h = ceil\left(\frac{kh + \tau_{cl}^k + \tau_c + \tau_{lc}^k}{h}\right) \times h$$

显然，第 k 个数据包的往返总延时为

$$\tau^k = t_{C+}^k - kh = ceil\left(\frac{\tau_{cl}^k + \tau_c + \tau_{lc}^k}{h}\right) \times h \tag{5-16}$$

τ^k 也以 h 的整数倍计.

此时与辨识器端类似，若 $t_C^k > t_C^{k+i}$，$i \in N$ 则控制器端错序发生，

把式(5 - 15)代入可得

$$t_L^k + \tau_c + \tau_{lc}^k > t_L^{k+i} + \tau_c + \tau_{lc}^{k+i}$$

再把式(5 - 14)代入可得

$$\tau_{lc}^k - \tau_{lc}^{k+i} > 0 \qquad (5-17)$$

这是控制器端发生错序的必要条件.

5.3.3 延时测量实验及分析

经过实验,在本校局域网不同的时间段上,最大延时以及平均延时都有较大的变化.利用 3.3.3 节中图 3 - 3(b)所示的以太网延时测量平台模拟控制器向辨识器发送数据包的过程,并进行 τ_{cl}^k 的测量.测量过程中,计算机 1 在指定的时间周期内发送固定长度数据包信息至计算机 2.本次实验中,选择 5 个字节作为实际测试包长,测试间隔时间为 10 ms,共进行 500 次测量(即 $N=500$).表 5 - 1、图 5 - 4(a)、图 5 -5(a)和图 5 - 6(a)为在不同时间段即不同流量负载下的延时数据,而图5 - 4(b)、图 5 - 5(b)和图 5 - 6(b)为相应的延时分布情况.

表 5 - 1 控制器至辨识器网络诱导延时 τ_{cl}^k 测量

测试号	测试开始时间	最大延时 τ^{max}/ms	平均延时 τ^{avg}/ms	一步错序比率
A	0:00 AM	13	1.841 7	0.058 2
B	7:00 AM	99	7.198 4	0.269 1
C	8:00 PM	266	8.102 2	0.299 2

另外,实验求取相邻周期及相邻数个周期信号发生错序的频率分布并进行比较,实验结果(见表 5 - 2、图 5 - 4(c)、图 5 - 5(c)和图 5 - 6(c))表明:随着 i 的增大,发生错序的可能性减小,最可能发生错序的是相邻两个周期的数据包.在适当情况下,可只考虑相邻这种情形下的错序.

表 5－2　发送间隔 vs. 错序频率

i	A	B	C	i	A	B	C
1	0.0582	0.2691	0.2992	6	0.0020	0.1582	0.2049
2	0.0423	0.2414	0.2656	7	0.0020	0.1504	0.1951
3	0.0181	0.2016	0.2379	8	0.0020	0.1344	0.1670
4	0.0081	0.1919	0.2081	9	0.0020	0.1327	0.1571
5	0.0040	0.1741	0.1923	10	0.0020	0.1227	0.1513

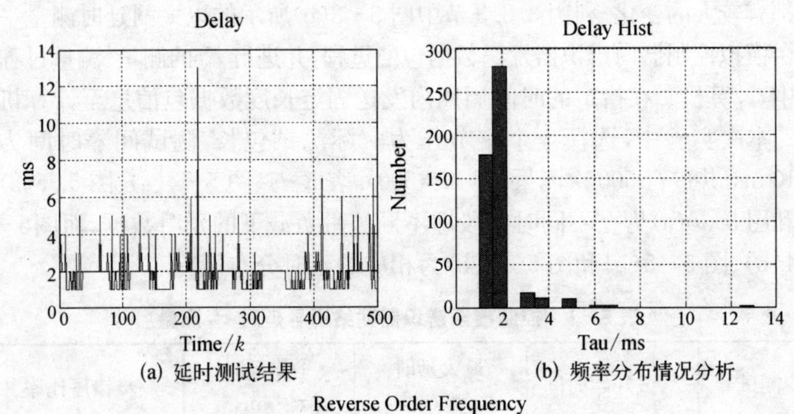

(a) 延时测试结果　　(b) 频率分布情况分析

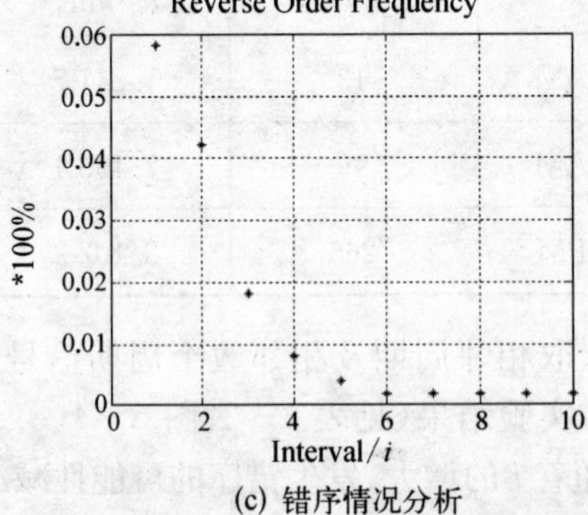

(c) 错序情况分析

横轴为错序率中的间隔数 i，纵轴为错序率

图 5－4　延时 A(0: 00 AM)测试结果及分析结果

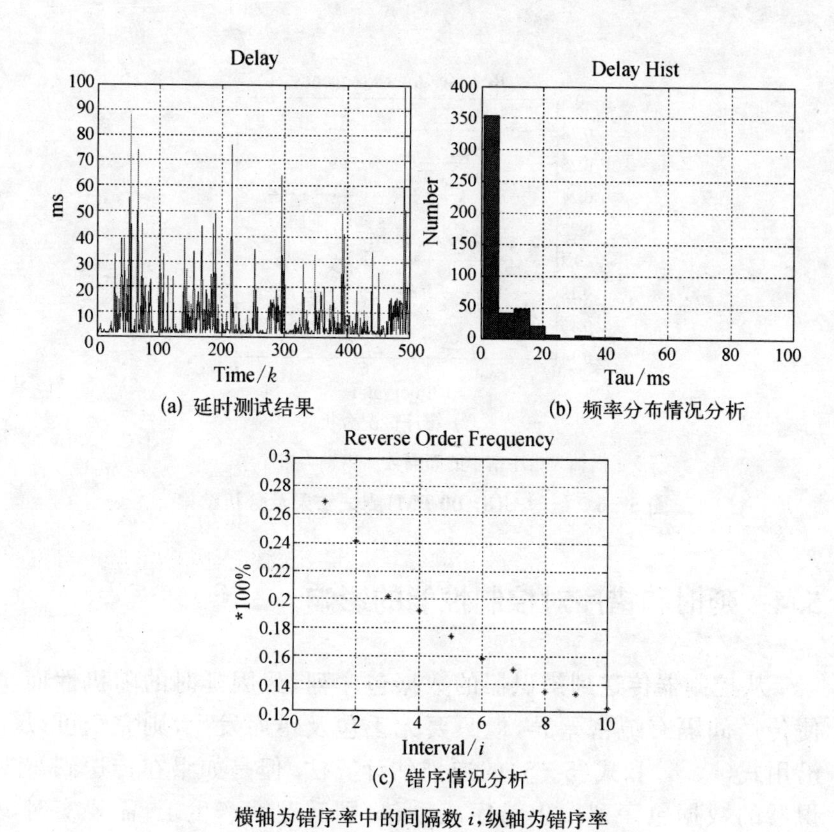

(a) 延时测试结果 (b) 频率分布情况分析

(c) 错序情况分析

横轴为错序率中的间隔数 i，纵轴为错序率

图 5-5 延时 B(7: 00 AM)测试结果及分析结果

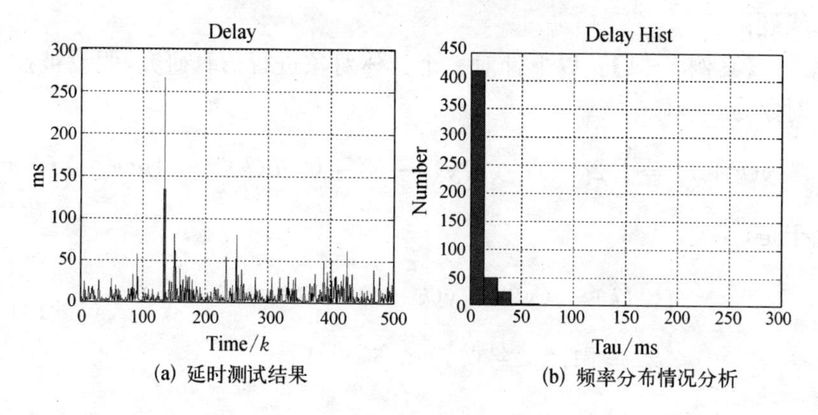

(a) 延时测试结果 (b) 频率分布情况分析

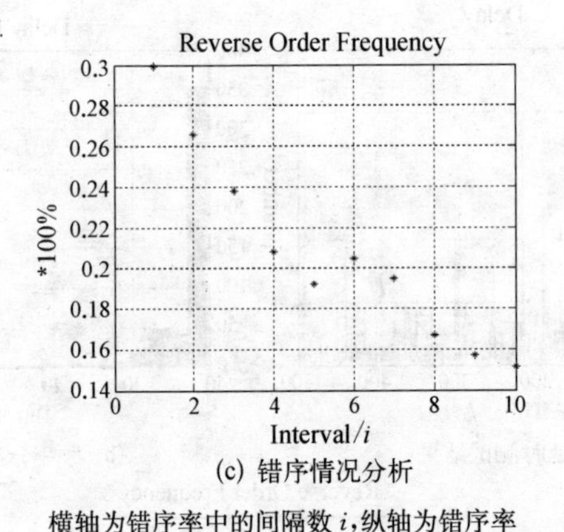

(c) 错序情况分析

横轴为错序率中的间隔数 i,纵轴为错序率

图 5-6 延时 C(8: 00 PM)测试结果及分析结果

5.4 延时和错序对控制性能的影响

从控制器传送到辨识器的数据包序列,虽因延时的随机性而使传送间隔有疏密差异,但只要无丢包及错序发生,则完全可以沿用式(5-4)和式(5-5)的递推估计算法. 但是如果在传送到辨识器的数据包序列发生错序或丢包,则问题就产生了. 需要实时地观察和整理数据包序列和修正辨识算法,这里先讨论错序问题.

【案例 5-1】 以下针对一个具体对象进行仿真研究,假设被控对象为

$$y(k+1)=1.2y(k)-0.7y(k-1)+0.5u(k)+0.1u(k-1)$$

于是,

$$\begin{cases}\varphi^{\mathrm{T}}(k)=(y(k),\ y(k-1),\ u(k),\ u(k-1)) \\ \theta_0^{\mathrm{T}}=[1.2\quad -0.7\quad 0.5\quad 0.1]\end{cases} \tag{5-18}$$

采样周期 $h=10$ ms. 由于被控对象的离散状态空间描述可以转化为 ARMA 模型,把对象(例如各种工业过程)建模为类似以上的 ARMA 模型进行研究是有实际应用意义的,以后的案例研究均针对此对象展开. 参考输入为

$$r(k)=3.25-3\cdot \text{square}\left(\frac{2\pi}{110}\cdot k\right)$$

其中 square(·)为方波函数. 首先假设不采取网络连接而是直接连接,即 $\tau_{ci}=\tau_{ic}=0$, 仿真结果见图 5-7,由文献[71]可知,这样的系统必然是参数收敛且输出收敛的.

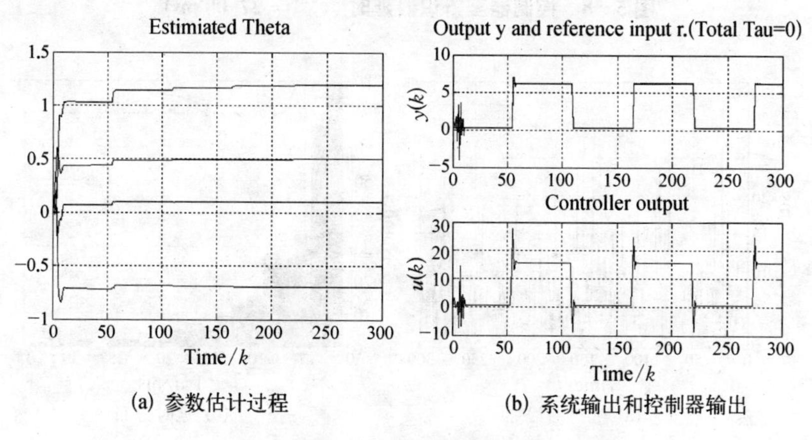

(a) 参数估计过程　　(b) 系统输出和控制器输出

图 5-7　直接连接时的仿真结果(无延时情况)

【案例 5-2】 针对"案例 5-1"中的自适应控制系统,其他条件不变,在辨识回路中引入通信网络,进行基于网络辨识的自适应控制系统仿真. 在延时方面,控制器至辨识器如图 5-8 所示,辨识器至控制器延时如图 5-9 所示,其最大值分别为

$$\tau_{cl}^{\max}=37.08\ \text{ms},\ \tau_{lc}^{\max}=34.32\ \text{ms}$$

辨识器的计算延时 $\tau_c=5$ ms 为常数.

为了比较辨识器端错序和控制器端错序对系统性能的不同影

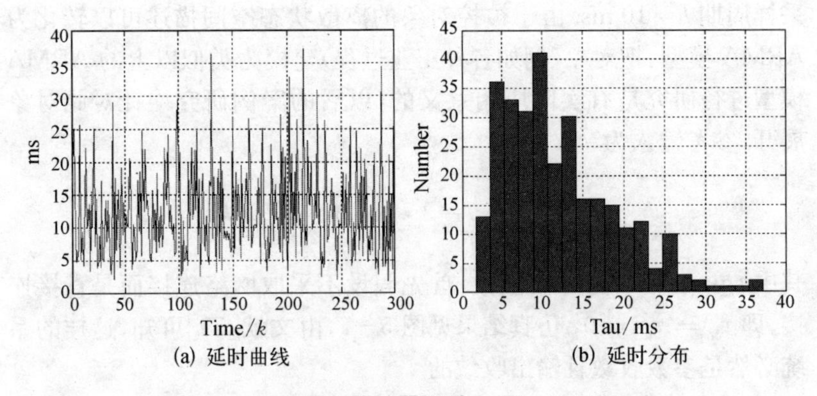

(a) 延时曲线　　(b) 延时分布

图 5-8　控制器至辨识器延时 ($\tau_{cl}^{max}=37.08$ ms)

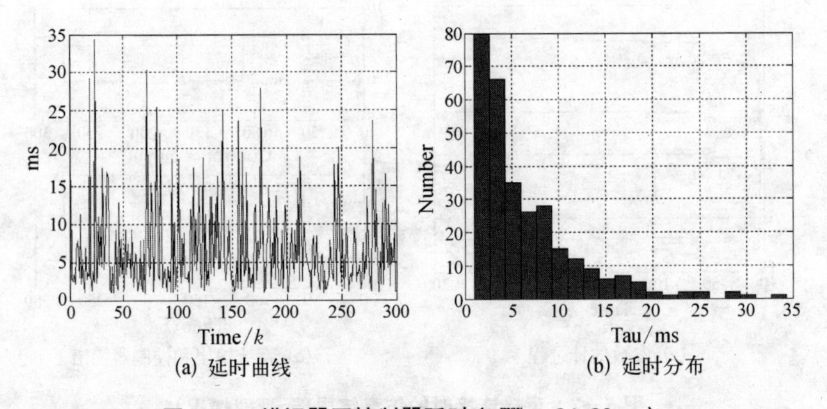

(a) 延时曲线　　(b) 延时分布

图 5-9　辨识器至控制器延时 ($\tau_{lc}^{max}=34.32$ ms)

响,分别针对三种不同情况进行仿真,其中被控对象和参考信号沿用"案例 5-1"不变,在辨识回路中的不同位置形成错序来分析通信网络对于系统输出收敛性和控制品质的影响.

● 第一种情况　先考虑控制器至辨识器时变延时 τ_{cl}^{k} 符合错序条件(参见 5.3.2.1),故辨识器端发生错序;而辨识器至控制器无延时 $\tau_{lc}^{k}=0$,控制器端无错序现象,此时仿真结果见图5-10.

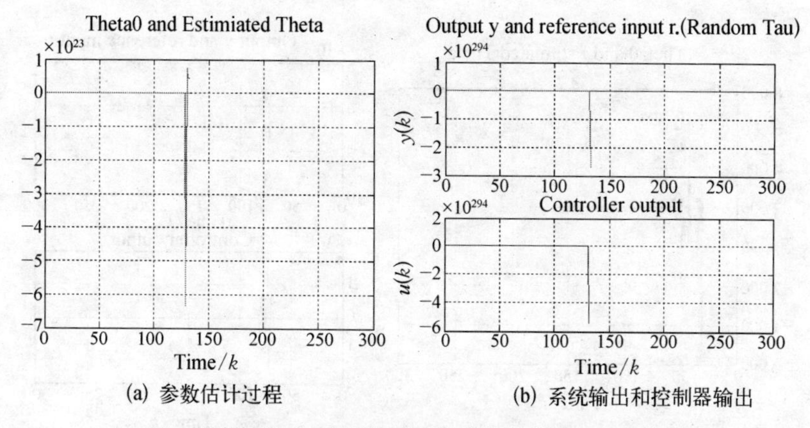

(a) 参数估计过程　　(b) 系统输出和控制器输出

（注：观察图(a)和(b)的纵坐标标尺数量级，输出已经发散）

图 5-10　辨识器端发生错序，控制器端无延时的仿真结果

● 第二种情况　控制器至辨识器无延时 $\tau_{cl}^{k}=0$，故辨识器端无错序现象；而辨识器至控制器时变延时 τ_{lc}^{k} 符合错序条件(参见 5.3.2.2)，故控制器端发生错序，此时仿真结果见图 5-11.

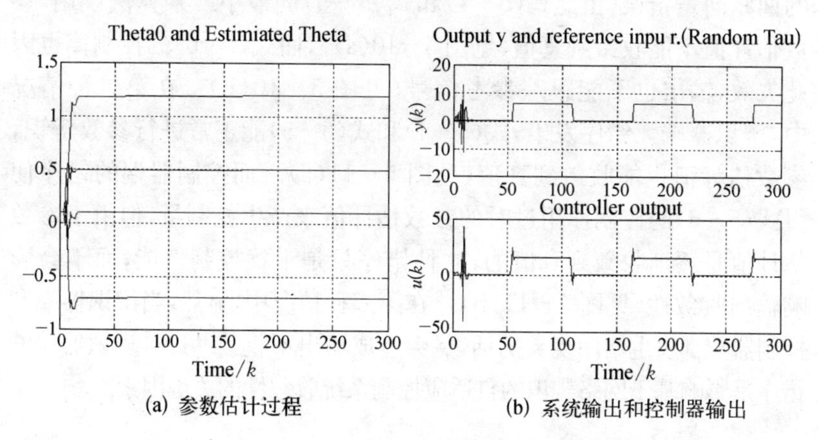

(a) 参数估计过程　　(b) 系统输出和控制器输出

图 5-11　辨识器端无延时，控制器端发生错序的仿真结果

● 第三种情况　同时考虑以上两个延时引起的错序情形，仿真结果见图 5-12.

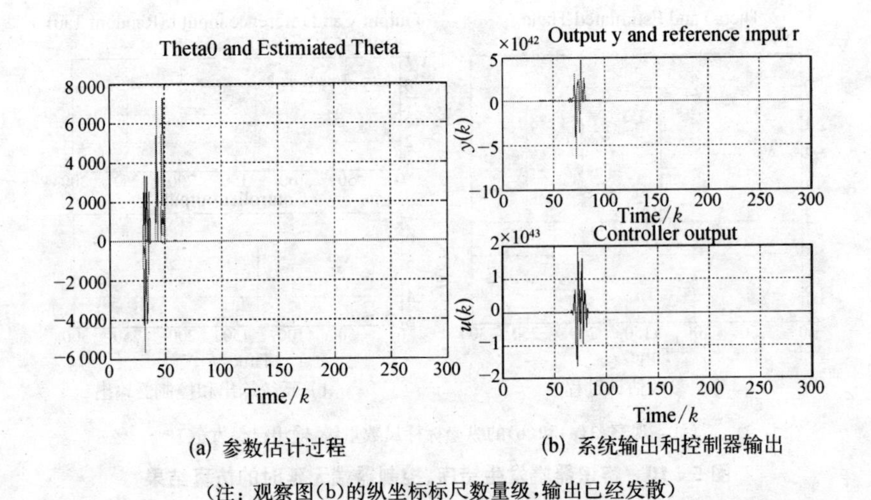

(a) 参数估计过程　　(b) 系统输出和控制器输出

(注：观察图(b)的纵坐标标尺数量级，输出已经发散)

图 5-12　辨识器端和控制器端均发生错序的仿真结果

仿真结果表明：在第一种情况中，辨识器的错序导致式(5-3)中的回归向量错误，由此式(5-4)和式(5-5)的最小二乘算法误用，参数估计值不能收敛到真值(见图 5-10(a))，而式(5-6)的控制律也因此失效，输出也不能跟踪参考信号(见图 5-10(b)). 在第二种情况中，辨识器端无错序发生，式(5-4)和式(5-5)能正常进行参数辨识，参数估计值也能收敛到真值(见图 5-11(a)). 而控制器端的错序使得式(5-6)的控制律用过时的参数估计值来产生控制量，但由于参数估计值是逐渐收敛到真值的，这种错序只是干扰控制性能，而不会影响输出收敛性(见图 5-11(b)). 在第三种情况中，显然，当辨识器端和控制器端都发生错序现象的话，更会造成输出不收敛. 可见，辨识器端的错序是影响基于网络辨识的自适应控制系统收敛性的关键因素.

5.5　本章小结

本章采用通信网络使得自适应控制系统的辨识回路闭环，从而构建了一种典型的采用动态整定算法的基于网络整定的控制系统—“基于网络辨识的自适应控制系统”. 传统的自适应控制每个采样周期都需要进行参数估计并重新整定,对于通信网络的诱导延时以及错序现象相当敏感,采用自适应控制算法作为本文的典型案例,并把相应的研究成果推广至其他先进控制算法的网络整定中,对于解决先进控制的应用瓶颈具有重要价值.

在此类系统的辨识回路之中,时变的网络诱导延时使得辨识器和控制器端均有可能出现数据滞后和错序. 由于采用递归算法,控制器至辨识器延时 τ_{cl} 和辨识器至控制器延时 τ_{lc},以及辨识器的计算延时 τ_c 就不能叠加为一个等价的集中延时进行分析. 因此在分析错序现象时,本章在辨识器端和控制器端分别进行研究,提出了产生辨识器端错序和控制器端错序的条件.

随后的研究揭示了控制器至辨识器的数据包错序是影响基于网络辨识的自适应控制系统稳定性的主要因素. 辨识器端的错序现象会对自适应控制系统的性能造成很大影响,主要是造成回归向量($\varphi^T(k)$)错序,而最小二乘算法是递归算法,回归向量错序以后会造成算法误用,以至于整定(辨识)获得的参数向量不收敛,因此控制也发散. 而控制器端的错序会造成控制律的误用,即用过时的参数估计值来进行控制,也会影响控制性能.

第六章　基于网络辨识的自适应控制系统的解决方案初探(方案Ⅰ)及其收敛性分析

6.1　引言

从上面的分析可知,时变特性网络诱导延时可能会在控制器至辨识器和辨识器至控制器之间的数据传输过程中形成错序,由此严重影响控制系统性能.而且,与静态整定算法比较,通信网络对于类似于最小二乘算法一类的动态整定算法的影响更为显著,相应的分析方法也更加复杂.由此,需要形成一套专门针对动态整定算法的解决方案来处理网络不确定现象,本章提出的解决方案主要针对错序问题以提升系统性能.

通信和控制都是与信息有关的研究,但它们之间又有矛盾和冲突.如何在这两者之间合理地分配资源,将是基于网络整定的控制系统的研究重点.一个值得深思的现象是:“信息”的处理和传递不论在控制还是通信中都是关键所在.这可以从以下两方面进行考虑:

■　对于控制系统来说:通信网络传输的就是信息,这种信息又是和控制系统密切相关的,信息越及时、越充分,控制系统将有更好的性能,信息若有滞后和丢失,将影响控制系统的性能甚至使得系统失稳.

■　对于通信网络来说:其传输的信息是由控制系统产生的,又被控制系统所用.信息产生的频率是和控制系统的采样周期有关的,采样周期越小,系统越接近于连续系统,理论上可以预期更好的控制品质.但同时过大的数据流量会诱发网络堵塞,从而产生更长、更不确定的网络诱导延时，影响参数辨识过程，也会使得控制品质变坏.

因此，针对基于网络辨识的自适应控制系统所提出的解决方案要兼顾通信和控制两方面的因素. 目前主流的研究方法或是从控制入手，或是从通信入手，这不免有失偏颇. 本章试图从两者的结合入手，进行解决方案的初探.

6.2 解决方案Ⅰ—放大至最大延时策略

由 5.3.2.1 可知，辨识器端错序的发生主要由于延时落在错序区域造成的(参见图 5-3)，本节试图采取措施使所有的延时从错序区域回到正序区域. 由第五章中的“假设 5-2”可知，控制器至辨识器延时 τ_{cl} 和辨识器至控制器延时 τ_{lc} 均有最大值且最大值已知. 首先在控制器向辨识器发送数据时，给数据包打上时间标签 i_k，$i_k=(y(k), u(k-d), k)$；而在辨识器向控制器回送参数的时候也加上时间标签 p_k，$p_k=(\hat{\theta}(k), k)$. 同时分别在辨识器和控制器端设立缓冲器(见图 6-1)，这样就可以把收到的数据按照时间次序排列. 然后使得每个数据在缓冲区内都待满最大延时后再送出，这样把时变延时放大到固定的最大延时[90].

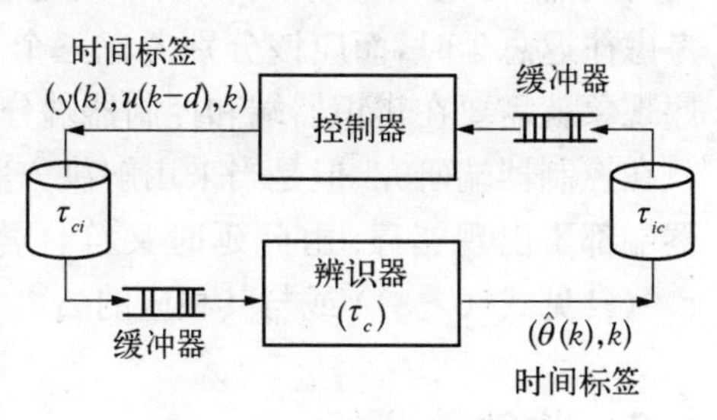

图 6-1 采用缓冲器和时间标签的辨识回路

经过如上处理之后

$$\tau_{cl}^{k}=\tau_{cl}^{\max},\ k\in N;\ \tau_{lc}^{k}=\tau_{lc}^{\max},\ k\in N$$

显然，经过最大延时补偿之后，$t_L^k<t_L^{k+i}$，$i\in N$，$t_C^k<t_C^{k+j}$，$j\in N$，辨识器端和控制器端全部不错序.

放大至最大延时之后，控制器至辨识器延时 $\tau_{cl}^{k}=\tau_{cl}^{\max}$，辨识器至

控制器延时 $\tau_{lc}^{k}=\tau_{lc}^{\max}$，代入式(5－16)，往返总延时变成

$$\tau^{k}=ceil\left(\frac{\tau_{cl}^{\max}+\tau_{c}+\tau_{lc}^{\max}}{h}\right)\times h \qquad (6-1)$$

定义为

$$\tau^{\max}=ceil\left(\frac{\tau_{cl}^{\max}+\tau_{c}+\tau_{lc}^{\max}}{h}\right)\times h \qquad (6-2)$$

显然，往返总延时也是采样周期 h 的整数倍. 定义往返最大采样间隔如下

$$\begin{aligned}\Delta^{\max} &= \tau^{\max}/h \\ &= ceil\left(\frac{\tau_{ci}^{\max}+\tau_{c}+\tau_{ic}^{\max}}{h}\right),\ \Delta^{\max}\in N \qquad (6-3)\end{aligned}$$

在第四章中，由于采用静态整定算法，辨识回路中的三个延时可以认为是等价的往返总延时，而不必考虑前向、后向以及计算延时. 而辨识器中的参数辨识算法属于动态整定算法，一般情况下不可只考虑往返总延时，而应该分别考虑三个不同的延时. 5.3.3 节中的错序现象就需要在辨识器端和控制器端分别研究，而不能像 4.3.4 节中只在控制器端研究. 但是当采用解决方案Ⅰ之后，在辨识器端和控制器端都不出现错序. 由此延时又符合叠加性，可只考虑往返总延时 $\tau^{\max}$(参见式(6－2))或与其相应的 $\Delta^{\max}$(参见式(6－3))即可.

6.3 收敛性分析

采用 6.2 节提出的解决方案Ⅰ之后可以保证不错序，以下从理论上证明系统的输出收敛性. 首先给出自适应控制系统的输出收敛性的定义[71]：

【定义 6－1】 在形如式(5－1)的对象系数 $A(q^{-1})$，$B(q^{-1})$ 未知情况下，要求设计反馈控制律使得闭环系统稳定，而且在 $\{y(k)\}$，

$\{u(k)\}$ 为一致有界条件下，渐近跟踪一个给定的参考信号 $\{y^*(k)\}$，即

$$\lim_{k\to\infty}(y(k)-y^*(k))=0$$

且

$$|y^*(k)|<m_1<\infty, \|y(k)\|_\infty<\infty, \|u(k)\|_\infty<\infty$$

此为输出收敛性.

在证明之前，首先进行如下假设[71]：

【假设 6-1】

(1) 输入输出滞后 d 已知，这里为了方便起见假设输入至输出滞后 $d=1$；

(2) 式(5-1)中对象的多项式 A 和 B 的阶数上界已知，即 n 和 m 的上界已知；

(3) 多项式 $B(z^{-1})$ 的所有零点都在单位圆内或单位圆上，而且在单位圆上无相重的零点.

收敛性证明过程中，首先在不考虑网络诱导延时情况下讨论参数估计算法. 因为 $d=1$，于是式(5-3)可以写为

$$y(k+1)=\varphi^T(k)\theta_0 \tag{6-4}$$

而式(5-4)和(5-5)的参数估计的最小二乘算法可以写为

$$\hat{\theta}(k)=\hat{\theta}(k-1)+\frac{P(k-2)\varphi(k-1)}{1+\varphi^T(k-1)P(k-2)\varphi(k-1)}(y(k)-\varphi^T(k-1)\hat{\theta}(k-1)) \tag{6-5}$$

$$P(k-1)=P(k-2)-\frac{P(k-2)\varphi(k-1)\varphi^T(k-1)P(k-2)}{1+\varphi^T(k-1)P(k-2)\varphi(k-1)} \tag{6-6}$$

而式(5-6)的控制律写为：

$$\varphi^T(k)\hat{\theta}(k) = y^*(k+1) \tag{6-7}$$

则根据 G. C. Goodwin 等的文献[71]可知有“定理 6-1”、“引理 6-1”、“定理 6-2”及“定理 6-3”.

【定理 6-1】 对象如式(6-4),令

$$\varepsilon(k) = y(k) - \varphi^T(k-1)\hat{\theta}(k-1)$$

$$= \varphi^T(k-1)(\theta_0 - \hat{\theta}(k-1)) = -\varphi^T(k-1)\tilde{\theta}(k-1)$$

这里 $\tilde{\theta}(k-1) = \hat{\theta}(k-1) - \theta_0$，采用如式(6-5)和式(6-6)的参数估计算法,有：

(1) $\| \hat{\theta}(k) - \theta_0 \|^2 \leqslant \kappa_1 \| \hat{\theta}(0) - \theta_0 \|^2,\ k \geqslant 1$

其中 $\kappa_1 = \dfrac{\lambda_{\max}(P(-1))^{-1}}{\lambda_{\min}(P(-1))^{-1}}$,即 $P(-1)^{-1}$ 的条件数,$\lambda_{\max}(P(-1))^{-1}$ 和 $\lambda_{\min}(P(-1))^{-1}$ 分别为$(P(-1))^{-1}$ 的最大和最小特征值.

(2) $\lim\limits_{N\to\infty}\sum\limits_{k=1}^{N}\dfrac{\varepsilon^2(k)}{1+\varphi^T(k-1)P(k-2)\varphi(k-1)} < \infty$, 此意味着

(a) $\lim\limits_{k\to\infty}\dfrac{\varepsilon^2(k)}{1+\kappa_2\varphi^T(k-1)\varphi(k-1)} = 0$,其中 $\kappa_2 = \lambda_{\max}P(-1)$；

(b) $\lim\limits_{N\to\infty}\sum\limits_{k=1}^{N}\dfrac{\varphi^T(k-1)P(k-2)\varphi(k-1)\varepsilon^2(k)}{[1+\varphi^T(k-1)P(k-2)\varphi(k-1)]^2} < \infty$;

(c) $\lim\limits_{N\to\infty}\sum\limits_{k=1}^{N}\| \hat{\theta}(k) - \hat{\theta}(k-1) \|^2 < \infty$;

及对任何有限整数 i,有

(d) $\lim\limits_{N\to\infty}\sum\limits_{k=i}^{N}\| \hat{\theta}(k) - \hat{\theta}(k-i) \|^2 < \infty$;

(e) $\lim\limits_{k\to\infty}\| \hat{\theta}(k) - \hat{\theta}(k-i) \| = 0.$ (6-8)

以上只是参数在线估计的结论，现在通过控制律如式(6－7)，将估计和控制结合起来构成了闭环控制系统，于是跟踪误差为

$$\begin{aligned} e(k) &= y(k) - y^*(k) \\ &= \varphi^T(k-1)\theta_0 - \varphi^T(k-1)\hat{\theta}(k-1) \\ &= \varphi^T(k-1)(\theta_0 - \hat{\theta}(k-1)) \\ &= -\varphi^T(k-1)\tilde{\theta}(k-1) \end{aligned} \tag{6-9}$$

其中 $\tilde{\theta}(k-1) = \hat{\theta}(k-1) - \theta_0$ 为参数估计误差向量.

【引理 6－1】 对于给定的序列 $\{s(t)\}$，$\{\sigma(t)\}$，$\{b_1(t)\}$ 和 $\{b_2(t)\}$，如果满足以下条件

$$(1)\ \lim_{t\to\infty}\frac{s^2(t)}{b_1(t)+b_2\sigma^T(t-1)\sigma(t-1)} = 0 \tag{6-10}$$

其中$\{b_1(t)\}$，$\{b_2(t)\}$，$\{s(t)\}$是实标量序列，且$\{\sigma(t)\}$是$(p\times 1)$维实数向量序列；

(2) 一致有界条件

$0 < b_1(t) < K < \infty, 0 < b_2(t) < K < \infty,\ t \geqslant 1$；

(3) 线性有界条件

$\|\sigma(t)\| < C_1 + C_2 \max_{0<\tau<t} |s(\tau)|$

其中 $0 < C_1 < \infty, 0 < C_2 < \infty$. 则有：

(i)、$\lim_{t\to\infty} s(t) = 0$

(ii) $\{\|\sigma(t)\|\}$ 有界.

【定理 6－2】 若“假设 6－1”成立，对象如式(6－4)，采用如式(6－5)和式(6－6)的参数估计算法和如式(6－7)的控制律，有

$$\begin{aligned} &\lim_{k\to\infty}\frac{e^2(k)}{1+k_2\varphi^T(k-1)\varphi(k-1)} \\ &= \lim_{k\to\infty}\frac{(\varphi^T(k-1)\tilde{\theta}(k-1))^2}{1+k_2\varphi^T(k-1)\varphi(k-1)} = 0 \end{aligned} \tag{6-11}$$

其中 $\tilde{\theta}(k-1)=\hat{\theta}(k-1)-\theta_0$.

把"引理6-1"用于"定理6-2",可以得到以下定理:

【定理6-3】 如果"假设6-1"成立,自适应控制算法式(6-5)和式(6-6)用于被控对象式(6-4),有:

(1) $\{y(k)\}$ 和 $\{u(k)\}$ 为有界序列;

(2) $\lim\limits_{k\to\infty}(y(k)-y^*(k))=0$.

可见对于没有网络诱导延时的自适应控制系统,在一定条件下可以保证输出收敛.现在,当辨识器与控制器间通过网络传送信息时,而且采用6.2节的解决方案,为了简单起见,先假设无丢包现象.由于在辨识器端和控制器端均采用了缓冲放大至最大延时的算法,于是控制器在每个采样周期 k,总可以得到对应于 $k-\Delta^{\max}$ 时的辨识结果 $\hat{\theta}(k-\Delta^{\max})$,其中 $\Delta^{\max}$ 如式(6-3)所示,为往返最大采样间隔数.这样,在无丢包及无错序或错序已被更正后,参数估计算法仍是式(6-5)和式(6-6),即

$$\hat{\theta}(k)=\hat{\theta}(k-1)+\frac{P(k-2)\varphi(k-1)}{1+\varphi^T(k-1)P(k-2)\varphi(k-1)}(y(k)-\varphi^T(k-1)\hat{\theta}(k-1)) \tag{6-12}$$

$$P(k-1)=P(k-2)-\frac{P(k-2)\varphi(k-1)\varphi^T(k-1)P(k-2)}{1+\varphi^T(k-1)P(k-2)\varphi(k-1)} \tag{6-13}$$

但控制律不再是式(6-7),改为

$$y^*(k+d)=\varphi^T(k)\hat{\theta}(k-\Delta^{\max}) \tag{6-14}$$

其中给定 $\hat{\theta}(0)$,$P(-1)=P_0=\alpha I$.与前面介绍的经典算法相比较,所不同的只是:用以选择 $u(k)$ 的根据不是 $\hat{\theta}(k)$,而是 $\hat{\theta}(k-\Delta^{\max})$,$0\leqslant\Delta^{\max}<\infty$.原先输出收敛的系统能否保证输出收敛性呢?我们可以得到如下定理.

【定理 6-4】 如果“假设 6-1”、“假设 5-1”~“假设 5-5”成立，自适应辨识及控制算法如式(6-5)和式(6-6)所示，施加于形如式(6-4)的对象之上；若以上自适应控制系统采用如图 5-2 所示的通信网络连接之后，构成了基于网络辨识的自适应控制系统. 当采用时间标签和缓冲器实现 6.2 节的解决方案Ⅰ. 系统能够保证输出收敛性，即

(1) $\{y(k)\}$ 和 $\{u(k)\}$ 为有界序列；

(2) $\lim\limits_{k\to\infty}(y(k)-y^*(k))=0$.

【证明】 首先重新定义跟踪误差为

$$\begin{aligned}e(k)&=y(k)-y^*(k)\\&=\varphi^T(k-1)\theta_0-\varphi^T(k-1)\hat{\theta}(k-\Delta^{\max}-1)\\&=\varphi^T(k-1)(\theta_0-\hat{\theta}(k-\Delta^{\max}-1))\\&=\varphi^T(k-1)(\theta_0-\hat{\theta}(k-1)+\hat{\theta}(k-1)-\hat{\theta}(k-\Delta^{\max}-1))\\&=\varphi^T(k-1)((\hat{\theta}(k-1)-\hat{\theta}(k-\Delta^{\max}-1))-\tilde{\theta}(k-1))\end{aligned} \tag{6-15}$$

观察下式

$$\begin{aligned}&\lim_{k\to\infty}\frac{e(k)}{\sqrt{1+k_2\varphi^T(k-1)\varphi(k-1)}}\\&=\lim_{k\to\infty}\frac{\varphi^T(k-1)(\hat{\theta}(k-1)-\hat{\theta}(k-\Delta^{\max}-1))-\varphi^T(k-1)\tilde{\theta}(k-1)}{\sqrt{1+k_2\varphi^T(k-1)\varphi(k-1)}}\\&=\lim_{k\to\infty}\frac{\varphi^T(k-1)(\hat{\theta}(k-1)-\hat{\theta}(k-\Delta^{\max}-1))}{\sqrt{1+k_2\varphi^T(k-1)\varphi(k-1)}}-\\&\quad\lim_{k\to\infty}\frac{\varphi^T(k-1)\tilde{\theta}(k-1)}{\sqrt{1+k_2\varphi^T(k-1)\varphi(t-1)}}\end{aligned} \tag{6-16}$$

根据"定理6-1"中式(6-8)可知

$$\lim_{k\to\infty}(\hat{\theta}(k-1)-\hat{\theta}(k-\Delta^{\max}-1))=0, \text{其中 } 0\leqslant\Delta^{\max}<\infty$$

所以式(6-16)第1项为零. 再由"定理6-1"中有关参数估计算法的特点,可知有

$$\lim_{k\to\infty}\frac{\varphi^T(k-1)\,\tilde{\theta}(k-1)}{\sqrt{1+k_2\varphi^T(k-1)\varphi(t-1)}}$$

$$=\lim_{k\to\infty}\frac{\varepsilon(k)}{\sqrt{1+k_2\varphi^T(k-1)\varphi(t-1)}}=0$$

故式(6-16)第2项也为零,于是

$$\lim_{t\to\infty}\frac{e^2(k)}{1+k_2\varphi^T(k-1)\varphi(k-1)}=0$$

将"引理6-1"用于上式,可得

$$\lim_{t\to\infty}e(k)=0$$

即 $\lim\limits_{k\to\infty}(y(k)-y^*(k))=0$,而$\{\varphi(k)\}$有界. 于是得到了输出收敛性.

证毕.

【案例6-1】 在5.4节的"案例5-2"中,当采用网络连接后,控制器和辨识器数据传输过程中的错序会使得系统输出发散或造成控制性能变差. 现在当辨识器端和控制器端存在如图5-8和图5-9的网络诱导延时,采用6.2节提出的解决方案Ⅰ来处理错序问题以观察其有效性,于是根据式(6-3)选取

$$\Delta^{\max}=ceil((37.08+5+34.32)/10)=8$$

仿真结果见图6-2. 仿真结果表明: 此种方法可以有效地解决数据错序问题,保证参数估计正确进行及输出收敛.

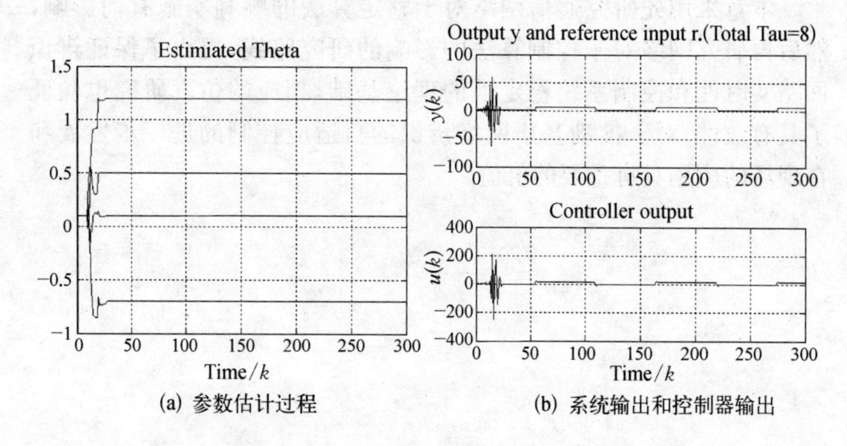

(a) 参数估计过程　　(b) 系统输出和控制器输出

图 6-2　应用解决方案 Ⅰ 之后的仿真结果

6.4　本章小结

在第五章提出的基于网络辨识的自适应控制系统基础上，本章针对由网络连接引入的网络诱导延时以及相应的错序问题，利用时间标签和缓冲器技术，在辨识器端和控制器端提出了一种放大至最大延时的解决方案（方案Ⅰ），成功解决了由于错序问题引起的估计参数不收敛问题. 研究结果表明对于采用最小二乘的递归算法，可以在辨识器端和控制器端分别采用缓冲器来解决错序问题，与第四章中的静态整定算法比较，处理方法有明显的不同之处.

同时，针对以上解决方案，对系统稳定性或称之为输出收敛性进行了理论分析和证明，最终得到以下的重要结论："采用最小二乘算法的基于网络辨识的自适应控制系统，其中对象形如式(6-4)，并服从"假设 6-1"，只要没有网络诱导延时时的原型系统是输出收敛的，且网络诱导延时有界（服从"假设 5-1"和"假设 5-2"），则采用网络连接之后的新系统仍然稳定."

本章采用先研究通信网络对于整定算法的顺利实施有何影响，然后再研究网络对于控制算法的影响的研究路线，提出了保证辨识回路实时性和控制系统稳定性的理论基础，相应的仿真研究也验证了其有效性，对于推动基于网络辨识的自适应控制的进一步发展和在现场的应用具有重要的价值.

第七章 基于网络辨识的自适应控制系统解决方案再探（方案Ⅱ、Ⅲ）

7.1 引言

在 6.2 节的解决方案Ⅰ中，假设控制器至辨识器最大延时 $\tau_{cl}^{\max}$ 以及辨识器至控制器最大延时 $\tau_{lc}^{\max}$ 均有界，于是采用缓冲器和时间标签技术实现了放大至最大延时的方案解决了错序问题，并在理论上证明了这种方法的输出收敛性. 此种方法采用缓冲至最大延时的方法解决了数据的错序问题，但把延时放大至最大延时之后，在一定程度上也是加剧了信息传输的滞后. 从直观考虑，这种做法对系统的性能可能也是有负面影响的，是一种比较保守的做法. 因此，如何在保证数据不错序的条件下，更好地消除信息滞后现象以得到更好的解决办法将是一个重要课题.

另外，在实践中，延时有界的通信网络确实存在，比如采用令牌机制的令牌环或令牌总线（DeviceNet, ControlNet 和 Porfibus）中的延时的时变特性不明显，即延时都集中在轮询时间附近，故轮询时间即可看作为最大延时[91]. 但在数据链路层采用 CSMA 协议的以太网等随机接入网络中，其不确定性更为严重，表现在延时的时变特性更为明显. 更为严重的是，以太网存在丢包现象[92, 93]，即第五章中的“假设 5－3”不成立，延时有可能为无穷大. 因此，如何针对实际应用中存在的丢包问题，提出更实用的方案则是另一个重要课题.

可见,第六章的工作只是对此类问题解决方案的一个初步研究,本章将分别针对以上两个课题,在解决方案Ⅰ的基础上提出两种改进的解决方案(方案Ⅱ、Ⅲ),以期进一步提高性能并增强其实用性.

7.2 放大至最大延时方法存在的问题

由 6.2 节可知,采用放大至最大延时的方法之后,控制器→辨识器→控制器的往返总延时取决于一个时间段内的最大延时 τ^{max}. 但由 5.3.1 节的分析和 5.3.3 节的测量实验可知:最大延时只是极端情况,且不同时段的最大延时也不尽相同,这对采用解决方案 Ⅰ 的基于网络辨识的自适应控制系统有重要影响. 最大延时会影响到收发端的收发缓冲器容量的选择:缓冲器的存储空间与 τ^{max} 成正比,τ^{max} 越大则所需要的缓冲器的存储空间就越大. 当 $\tau^{max}=\infty$ 时,无法采用放大至最大延时的方法,就无法保证系统的输出收敛性.

另外,将所有延时放大到最大值可能损害系统控制品质. 以下分别考虑不同的往返最大延时,进行案例分析.

【案例 7-1】 继续 6.4 节中的"案例 6-1",其他条件不变,分别考虑往返最大采样间隔分别为 $\Delta^{max}=1, 2, \cdots 12$ 的情况计算最大输出量绝对值、最大误差绝对值和性能指标函数,观察不同最大延时对解决方案Ⅰ的影响. 其中,最大误差绝对值为

$$e^{max}=\max_k(|y(k)-y^*(k)|)$$

最大输出量绝对值为

$$u^{max}=\max_k(|u(k)|)$$

性能指标函数为

$$J=\left[\frac{1}{N}\left(\sum_{k=1}^{N}(y(k)-y^{*}(k))^{2}\right)\right]^{\frac{1}{2}}$$

仿真结果如图 7－1 所示，可见，随着最大延时的增大，最大输出量、最大跟踪误差等一系列系统性能指标也开始恶化，且最大延时越大，恶化速度也越快，这迫使本人探索并提出了一种改进的策略.

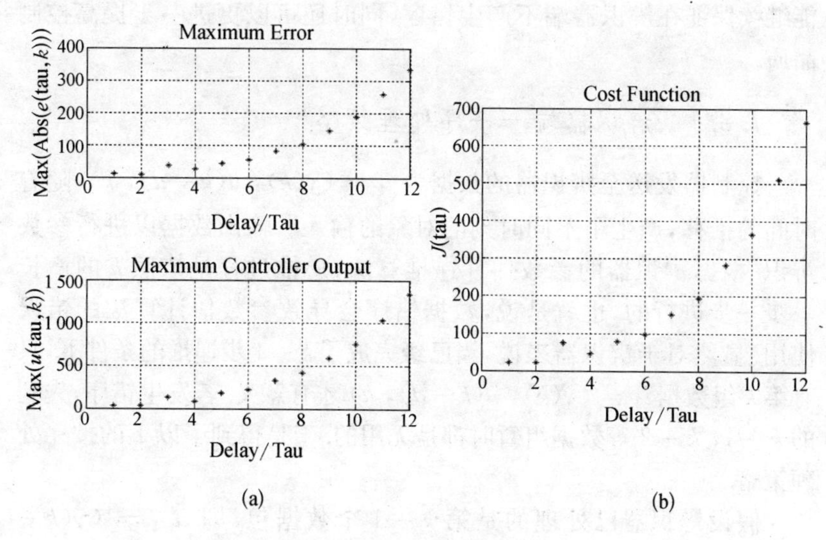

（a）最大延时间隔 vs. 最大误差绝对值；最大延时间隔 vs. 最大输出量绝对值（$\Delta^{\max}$vs. $e^{\max}$；$\Delta^{\max}$vs. $u^{\max}$）

（b）最大延时间隔 vs. 性能指标（$\Delta^{\max}$vs. J）

图 7－1　采用解决方案Ⅰ(补偿至最大延时策略)的控制品质分析曲线

7.3　解决方案Ⅱ—改进的缓冲器法

从上面的案例分析可知，辨识器端和控制器端的网络诱导延时都放大到最大延时的方法，再加上计算延时，辨识回路的延时可以合并为一个等价最大延时，且不会发生错序现象. 6.3 的输出收敛性分析更是证明了在这种情况下，对于线性时不变对象，组成的基于网络连接的自适应控制系统仍然可以保持输出收敛.

同时，把延时放大至最大延时之后，在一定程度上也是加剧了信息传输的滞后，这是一种比较保守的做法，仿真结果也表明了这一点. 本节分别针对辨识器和控制器端的网络诱导延时，提出一种改进的解决方法，在辨识器和控制器端采用时间标签和缓冲器技术，不仅能继续保证在辨识器端不产生错序，同时还可以更进一步提高控制品质.

7.3.1 辨识器端—按序处理策略

控制器发送至辨识器的数据为 $i_k=(y(k),\ u(k-d),\ k)$，随着时间的推移，产生了不同时刻的对象的输入 / 输出数据以进行参数辨识. 根据辨识器的参数估计递推算法，递推过程是依照 k 的增长一步一步进行的，也就是说，数据错序会导致参数估计算法的错误使用. 显然对于辨识器来说，当已经完成了 $k-1$ 步递推的条件下，只有第 k 组数据 $i_k=(y(k),\ u(k-d),\ k)$ 才有意义. 若发生错序，先到的 $k+1$, $k+2$ 等数据组暂时都是无用的. 于是得到了以下的按序处理策略.

假设辨识器已处理的是第 $k-1$ 个数据包，即 $i_{k-1}=(y(k-1),\ u(k-d-1),\ k-1)$. 在放大至最大延时的方案中，辨识器必须要等到最大延时 $\tau_{cl}^{\max}$ 后才能从缓冲区中得到第 k 个数据包 $i_k=(y(k),\ u(k-d),\ k)$. 而在大多数情况下，未到最大延时 $\tau_{cl}^{\max}$ 时候，第 k 个数据包已经到达，这时缓冲区就把数据包发送给辨识器，立即实施递推算法，称之为按序处理策略，这种策略的处理流程见图 7-2.

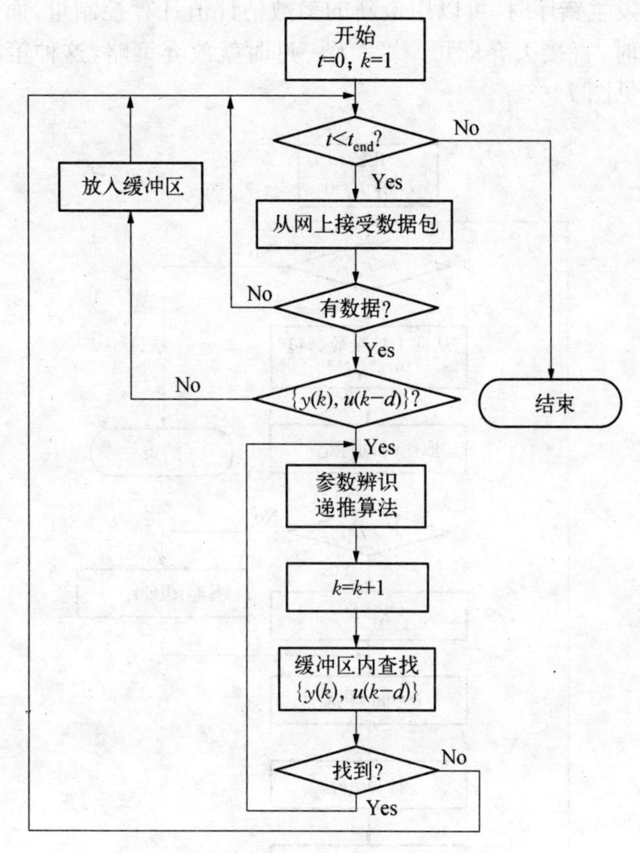

图 7－2　辨识器端的按序处理策略框图

7.3.2　控制器端——过时就放弃策略

从前面的分析可知，辨识器端的错序会使得回归向量失真，导致参数不收敛以至输出不收敛. 但控制器端则不然，还和以前一样，先假设控制器到辨识器无错序，控制器接受的是 $p_k = (\hat{\theta}(k),\ k)$，在被控对象参数时不变情况下，一般来说新的估计参数应该比老的估计更接近实际值 θ_0. 对于控制器来说，越新的数据越有价值. 因此，当控制器端发生错序时，可以用最新的参数估计值计算控制量，而当老数据传到时，直接丢弃即可. 称之为一过时就放弃策略，这种策略的处理流程见图 7 - 3.

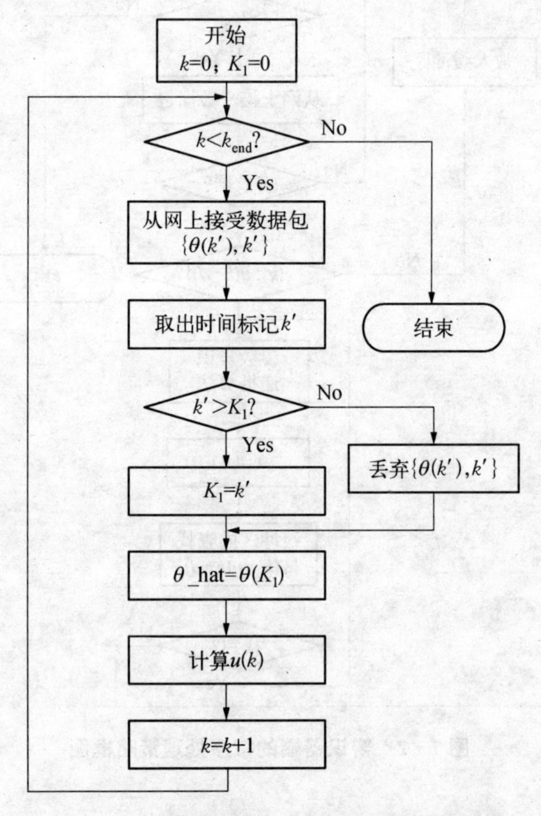

图 7 - 3　控制器端的一过时就放弃策略框图

7.4　解决方案Ⅱ的收敛性分析

采用了 6.2 节的解决方案Ⅰ之后，只要最大延时有界，基于网络辨识的自适应控制系统可以保证输出收敛. 现在的问题是采用了本节提出的解决方案Ⅱ后，即在辨识器端采用按序处理策略，在控制器端采用一过时就放弃策略，系统能否同样保证输出收敛？经过分析可以得到以下定理.

【定理 7-1】 如果“假设 6-1”、“假设 5-1”～“假设 5-5”成立，自适应辨识及控制算法如式(6-5)和式(6-6)所示，施加于形如式(6-4)的对象之上；若以上自适应控制系统采用如图 5-2 所示的通信网络连接之后，构成了基于网络辨识的自适应控制系统. 当采用时间标签和缓冲器实现 7.3 节的解决方案Ⅱ，系统能够保证输出收敛性，即

(1) $\{y(k)\}$ 和 $\{u(k)\}$ 为有界序列；

(2) $\lim\limits_{k\to\infty}(y(k)-y^*(k))=0$.

【证明】

现在从控制器角度观察：控制器在第 k 个采样周期有两种情况：

A. 从辨识器收到对应于第 j 个数据包后的参数估计值 $\hat{\theta}(j)$，$j<k$，$j\in N$；

B. 未从辨识器收到参数估计值或收到的是过时的估计值(直接抛弃)，于是只能沿用原有的参数估计值 $\hat{\theta}(i)$，$i<j<k$，i，$j\in N$.

可见，控制器在第 k 个采样周期总可以得到对应于 $k-\delta^k$ 时的辨识结果 $\hat{\theta}(k-\delta^k)$，其中 δ^k 根据以上两种情况分别定义为

$$\delta^k=\begin{cases}k-j, & \text{情况 A}\\ k-i, & \text{情况 B}\end{cases} \tag{7-1}$$

这样，参数估计算法仍是式(6-5)和式(6-6)，但控制律不再是式(6-7). 采用了解决方案Ⅱ所对应的控制律为：

$$y^*(k+d)=\varphi^T(k)\,\hat{\theta}(k-\delta^k) \tag{7-2}$$

其与式(6-14)类似，只是 $\Delta^{\max}$ 以 δ^k 替换，这里 $0\leqslant\delta^k\leqslant\Delta^{\max}$ 是在正整数中取值的有界随机变量，这种算法的输出收敛性证明方法与 6.3 节中“定理 6-4”的证明类似，限于篇幅，其证明从略.

可见,利用本节提出的解决方案Ⅱ,同样可以保证输出收敛.

【案例 7-2】 继续 6.4 节中的"案例 6-1",其他条件不变,采用解决方案Ⅱ来处理错序问题以观察其有效性,仿真结果如图 7-4 所示.与采用解决方案Ⅰ的仿真结果图 6-2 比较,参数估计过程和系统输出有了明显改善,这说明了改进方法是有效的,且具有更好的控制性能.

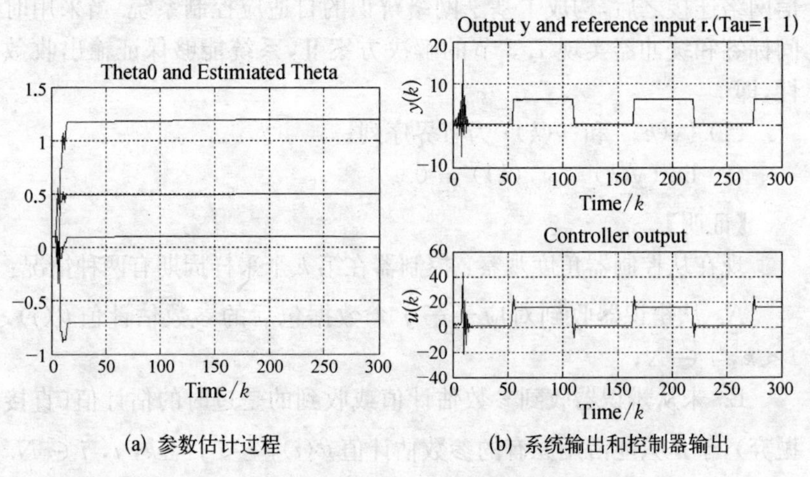

(a) 参数估计过程 (b) 系统输出和控制器输出

图 7-4 应用解决方案Ⅱ之后的仿真结果

7.5 解决方案Ⅲ—主动丢包法

前面的分析中假设网络无丢包现象,但是实际通信网络中,特别是以太网一类随机接入网络中丢包现象是确实存在的,而且网络引发的丢包现象是不可预知的.而丢包现象的存在也说明了网络诱导延时并不存在有界的最大值,对于控制器至辨识器延时 τ_{cl} 来说,丢包即等效于 $\tau_{cl}^{\max}=\infty$.

显然,当 $\tau_{cl}^{\max}=\infty$ 时,在辨识器端,7.3.1 节的按序处理方法不再适用;而在控制器端,7.3.2 节的一过时就放弃方法仍旧适用.可见,当丢包发生时不应该一味等待，而应当在适当的时间采用主动放弃的策略. 所以在实际应用中，为了使前述的按序处理方案更具实用性，可以根据网络传输的具体情况，在辨识器端选择一个合适的门限值T_{cl}^{hold}，而网络诱导延时大于T_{cl}^{hold}的信息即作为丢包处理，称之为按序处理 / 主动丢包策略，这种策略的示意图见图 7 - 5. 主动丢包所丢弃的数据包包括了实际上在通信传输中遗失的数据包和延时大于T_{cl}^{hold}的数据包.

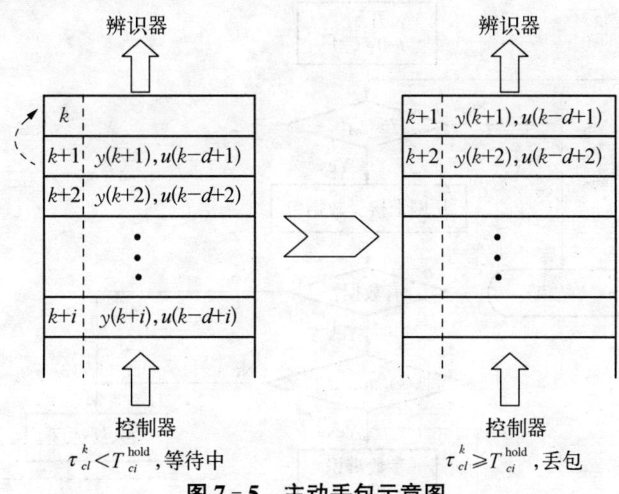

图 7 - 5　主动丢包示意图

辨识器端的参数辨识算法是和输入输出数据的次序密切相关，采用以上的主动丢包法后不会产生数据错序但会造成数据丢失，同样会造成辨识算法的错误使用. 因此，在发生丢包现象时，原有的参数辨识算法需要作一些变动，以下为修正后的参数辨识算法.

■　若未丢包，则继续沿用原有的参数辨识算法式(6 - 5)和式(6 -6)；

■　若丢包，假设第 k 组数据($y(k)$, $u(k-d)$, k) 丢失，便以发生丢包前的参数估计值为初值，并适当选择误差方差阵 $P(\cdot)$ 的初值，然后重新启动参数估计算法式(6 - 5)和式(6 - 6). 即

$$\hat{\theta}(0)=\hat{\theta}(k-1)$$

$$P(-1)=\begin{cases}P(k-d-1)\\ P_0=\alpha I\end{cases}$$

当对象为时不变情况下，保持丢包前的误差方差阵不变即可；当为慢时变情况下，因为 P 是单调下降的，α 可以取得大一点以“遗忘”过去的参数估计值，处理流程见图 7-6.

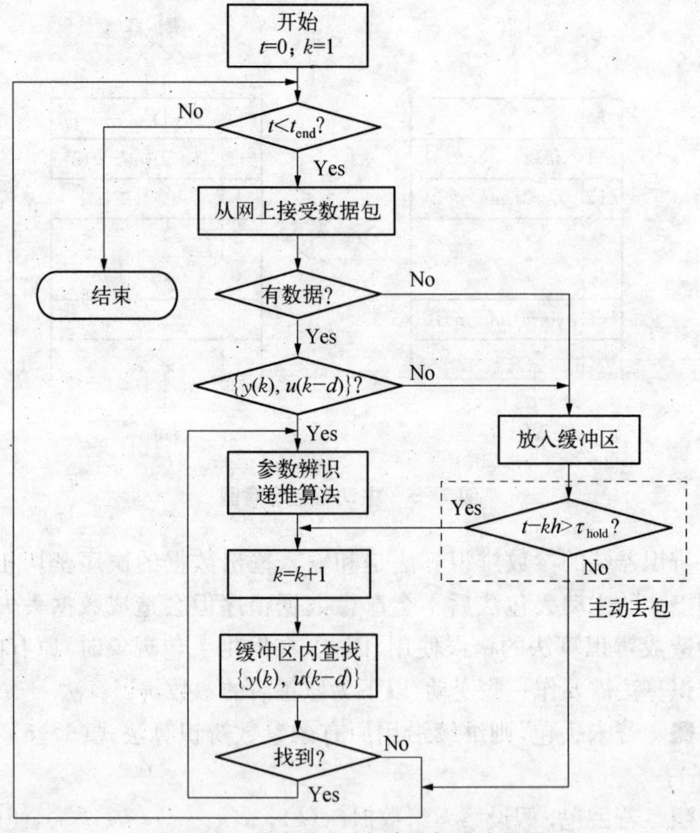

图 7-6　按序处理/主动丢包法流程图

【案例 7-3】　下面继续 7.4 节的“案例 7-2”，其他条件不变，只是在控制器至辨识器传输过程中故意添加了 5 个丢包(如图 7 - 7 所示). 显然若采用原来的解决方案Ⅱ,系统输出有可能不能收敛. 在辨识器端采用按序处理/主动丢包法 (门限值 $T_{cl}^{\text{hold}}/h = 5$), 控制器端沿用一过时就放弃策略,仿真结果如图 7 - 8 所示. 仿真结果表明,采用了主动丢包法后,输出仍然收敛,大大增加了其实用性.

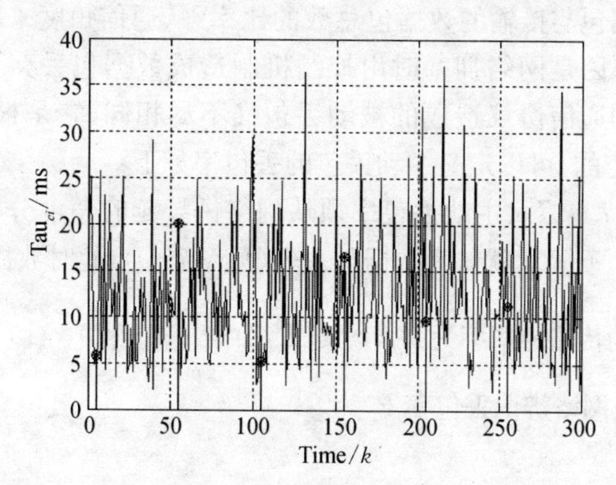

图 7 - 7　控制器至辨识器延时 τ_{cl}^{k} (标记"＊"表示丢包)

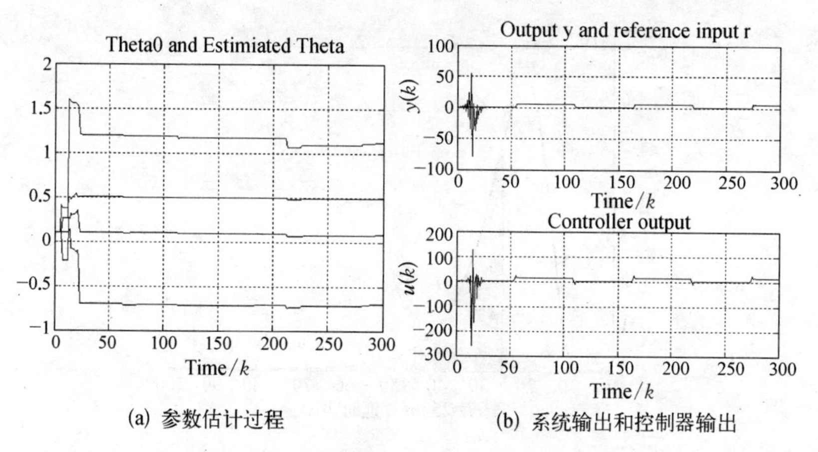

(a) 参数估计过程　　　(b) 系统输出和控制器输出

图 7 - 8　应用解决方案Ⅲ之后的仿真结果

7.6 解决方案Ⅲ的性能分析

主动丢包增加了实用性，但是过多的丢包会严重影响信息的完整性. 衡量丢包的指标就是丢包率，丢包率是指在一定时间间隔内，丢失的数据包与传输的数据包总数的比率. 从通信角度来看，数据包丢失主要原因是网络拥塞时由控制机制造成数据包丢弃. 但这里的主动丢包和通信协议造成的被动丢包又不尽相同，它是根据门限值 T_{cl}^{hold} 来确定的，可以定义主动丢包的丢包率如下：

【定义 7－1】 主动丢包率须从网络诱导延时角度分析，即网络诱导延时大于 T_{cl}^{hold} 就认为数据包丢失(见图 7－9). 此时数据包在时间 T_{cl}^{hold} 内成功传输的概率为 $P_{cl}^{r}(\tau_{cl} \leqslant T_{cl}^{\text{hold}}) = F_d(T_{cl}^{\text{hold}}) = \int_0^{T_{cl}^{\text{hold}}} f_d(\tau)d\tau$，于是可定义网络辨识丢包率 P_l 为[94]

$$P_{cl}^{l} = 1 - P_{cl}^{r}(\tau_{cl} \leqslant T_{cl}^{\text{hold}}) = \int_{T_{cl}^{\text{hold}}}^{\infty} f_d(\tau)d\tau \qquad (7-3)$$

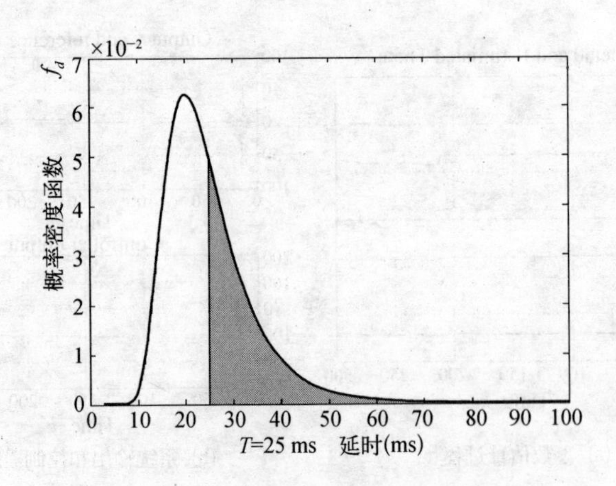

图 7－9 网络诱导延时 vs. 丢包率

显然，T_{cl}^{hold}决定了辨识器的最大等待时间，同时也确定了丢包率的大小. 因此，门限值 T_{cl}^{hold} 的选择实际上是一个在信息滞后程度和丢包率之间的折中问题，而信息滞后程度和丢包率都会影响控制系统的控制品质，主要体现在以下两方面（参见图7-10）：

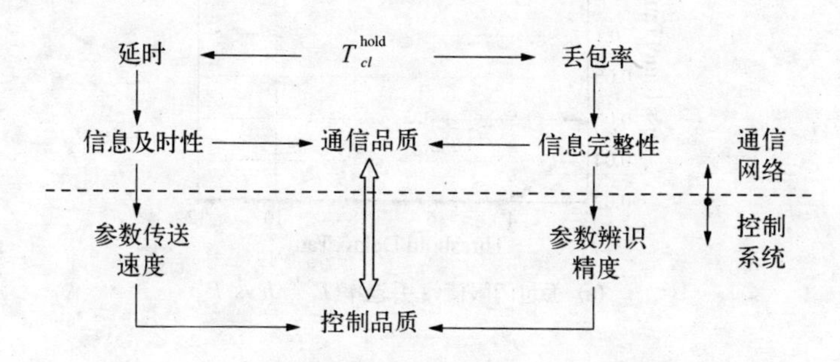

图 7-10　丢包门限值 T_{cl}^{hold} 对于通信及控制品质的影响

■　当 T_{cl}^{hold}变大时，从信息丢失角度看：丢包率低，控制器获得的信息更完全，可以获得更好的控制品质；但 T_{cl}^{hold}太大，从信息滞后角度看：影响了控制器及时地获得对象信息从而得出合适的控制量，显然也会影响自适应控制系统的控制品质.

■　反之，如果 T_{cl}^{hold}变小的话，信息滞后就小，控制器可以及时获得对象信息，应该可以有更好的控制品质；但如果 T_{cl}^{hold}太小，则主动丢包太频繁，也即丢失的信息太多，这会扰乱参数辨识过程，导致参数估计不准确，也会影响控制品质.

【案例7-4】　为了验证以上的分析结果，继续7.5节的“案例7-3”，其他条件不变，选择 $T_{cl}^{\text{hold}}/h=1\sim 12$ 分别进行仿真，仿真结果如图7-11和表7-1所示，可见在本例中，从控制品质角度存在最优的丢包门限值 T_{cl}^{hold}. 由以上的分析及仿真研究表明：找到一个合适的门限值 T_{cl}^{hold}是一个很重要的问题. 从通信网络角度，就是在延时和丢包率，即信息及时性和信息完整性间取得平衡；从控制系统角度，就是在参数辨识速度和参数辨识精度之间取得平衡. 从更高的层面来说，就是在通信品质和控制品质之间寻求折中.

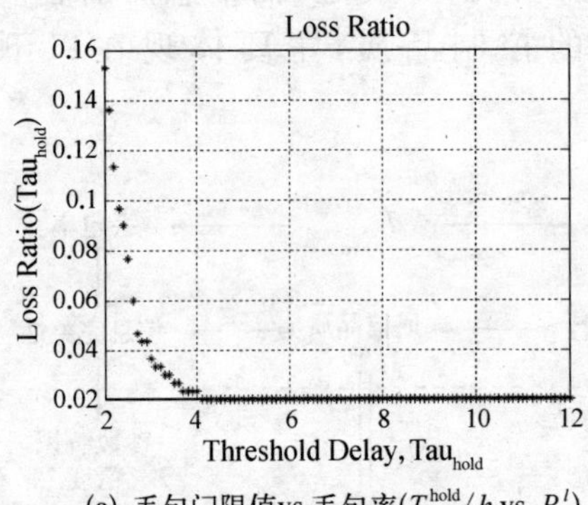

(a) 丢包门限值vs.丢包率(T_{cl}^{hold}/h vs. P_{cl}^{l})

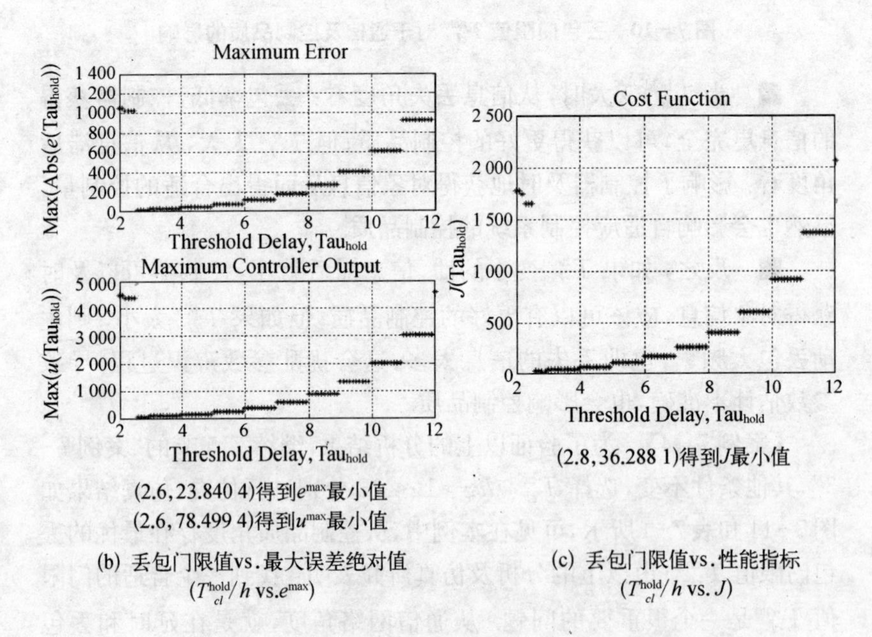

(2.6, 23.840 4)得到e^{max}最小值

(2.6, 78.499 4)得到u^{max}最小值

(b) 丢包门限值vs.最大误差绝对值 (T_{cl}^{hold}/h vs. e^{max})

(2.8, 36.288 1)得到J最小值

(c) 丢包门限值vs.性能指标 (T_{cl}^{hold}/h vs. J)

图 7－11　采用解决方案Ⅲ的控制品质分析曲线

表 7-1　采用解决方案Ⅲ的控制品质分析表

门限值 T_{cl}^{hold}/h	丢包率 P_{cl}^{l}	最大输出量 $u^{\max}$	最大超调量 $e^{\max}$	性能指标 J
2	0.1533	4462.4	1049.6	1779.4
2.6	0.0600	78.5	23.8	40.9
2.8	0.0433	78.5	23.8	36.3
5	0.0200	258.2	78.8	117.5
12	0.0200	4562.4	1394.6	2067.9

另外,在不同时间段延时特性是不尽相同的,假设控制系统也是工作在不同时段或是跨时段工作,那么 T_{cl}^{hold} 的选择也是一个自适应问题;而且在实际应用中由于被控对象的参数有可能是时变的,T_{cl}^{hold} 的选择当然还和遗忘因子的选择有关系.因此采用固定门限丢弃方案的效果可能并不令人满意,根据不同情况来动态地、自适应地改变这个门限值可能效果更好.另外,采用了主动丢包法之后,有的数据包并不是通信协议意义上的丢包,只不过是延时大于 T_{cl}^{hold} 造成的(参见图 7-9).当经过了 T_{cl}^{hold} 之后,相应的数据包还会到达辨识器,此时在以上的分析中是直接丢弃的,是否也可以利用相关数据的信息进一步提高参数辨识精度呢?以上这些都是设计控制系统时应当注意的问题.总之,设计一个基于网络辨识的自适应控制系统,先应对网络传输性能有一个全面的了解.

可见,6.2 节的解决方案Ⅰ以及 7.3 节的解决方案Ⅱ只是考虑通信品质的通信策略,即采用通信手段消除错序现象,而并没有过多地考虑控制品质.而本小节提出的合理选取丢包门限值的解决方案Ⅲ是全面考虑控制品质和通信品质的综合方法.

7.7 本章小结

本章在解决方案Ⅰ基础之上，提出了两种改进的解决方案Ⅱ和Ⅲ. 与原有的放大至最大延时的方法相比，方案Ⅱ针对自适应控制问题在辨识器端和控制器端对网络传输信息的次序和及时性的不同要求，提出了两种不同的策略—按序处理策略和一过时就放弃策略分别加以解决，从而进一步减小了信息的滞后；而方案Ⅲ则是放宽了原有延时有界的假设，在采用通信方法解决错序问题的同时，修改了已有的辨识算法和控制律，是一种兼顾通信和控制性能的综合方法. 改变了在网络控制领域单纯从通信角度或从控制角度入手的传统方法，提出了一种从通信和控制结合入手的新方法来解决问题. 这种解决方案Ⅲ更符合实际情况，是一种更为实用的方法. 仿真结果表明：方案Ⅱ与方案Ⅰ相比，性能有所提高；而由于丢包（无穷大延时）的出现，方案Ⅰ和方案Ⅱ已经失效，但方案Ⅲ在合理选择丢包门限值 T_{cl}^{hold} 的条件下，也能使得实际输出跟踪参考输出，三种解决方案的比较见图 7-12.

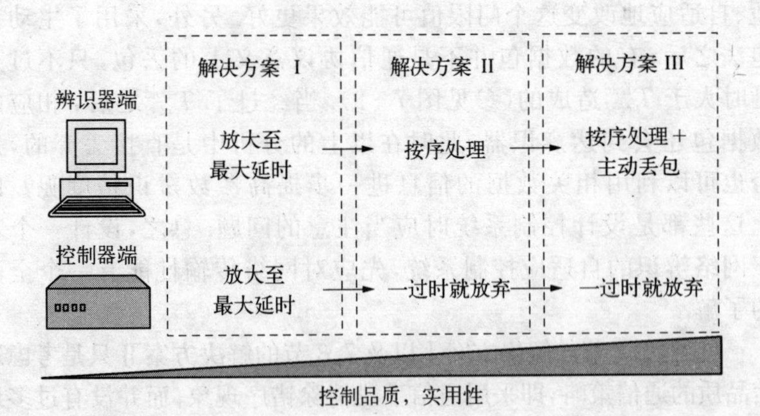

图 7－12　各种解决方案比较

第八章　基于网络辨识的自适应模糊控制系统

8.1 引言

第五章~第七章中，针对典型的动态整定控制系统—基于网络辨识的自适应控制系统进行了全面的分析，研究了网络不确定现象对于整定(辨识)算法和控制律的影响.同时，针对线性时不变对象的网络自适应控制问题提出了三种解决方案，通过理论分析证明了其中两种方法的输出收敛性，并采用仿真实验验证了三种解决方案的有效性.

以上三章的讨论是基于自适应控制为案例进行的，且其对象为线性时不变模型，参数估计算法和控制律也是经典的.但相信本文的结果绝对不是一个孤例：对象可以是时变的，在一定条件下也可以推广至非线性模型及自适应模糊控制等；同样，参数估计和控制算法也可以变为其他类型，可以推广到自适应控制以外更广的层面，比如预测控制、智能控制等等.本章试图对自适应控制作进一步推广，观察以上结果是否有进一步推广的意义和价值.

在针对线性时不变对象的自适应控制研究中，许多学者都作出了重要的贡献，而对一般非线性系统而言，其自适应控制问题的解决相当困难.这是因为，首先很难找到合适的不确定非线性动态的模型结构；其次不存在一般形式的自适应控制律.在非线性对象的自适应控制中，仿射非线性系统是近年来被研究得较多的一类非线性对象.许多学者提出了不少针对此类被控对象的自适应控制方案[95-98]，基本方法是利用控制器能在线辨识对象非线性特性来解决模型参数辨识问题.

从 20 世纪 90 年代开始，神经网络或模糊逻辑等人工智能方法的研究得到了各方面的逐步重视，Wang[99] 于 1992 年首次通过分析证明了一类特殊的模糊逻辑函数是通用逼近子，即它们在紧子集上能以任意精度逼近任何实值连续函数. 从此，对模糊逻辑函数是否为通用逼近子的研究结果日渐丰富[100-105]，至今已经在相当广泛的程度上证明了许多类型的模糊逻辑函数是通用逼近子，并由此导致对模糊系统逼近性质及其在自适应控制方面应用的深入探讨[87-89, 106-108]. 于是在学术界开始研究利用模糊逻辑函数的非线性函数逼近能力，用人工智能方法辨识并估计非线性对象参数，然后实施相应的控制算法来实现仿射非线性对象的自适应控制. 其中，Wang[87] 采用自适应模糊控制实现了一类非线性对象控制，并证明了其稳定性. Yuan[88] 利用模糊基函数的线性组合来逼近非线性对象并实施控制，Spooner[89] 则直接用模糊逻辑系统进行逼近以实施自适应控制. 图 8 - 1 给出了自适应控制发展一个侧面的主要趋势与特征.

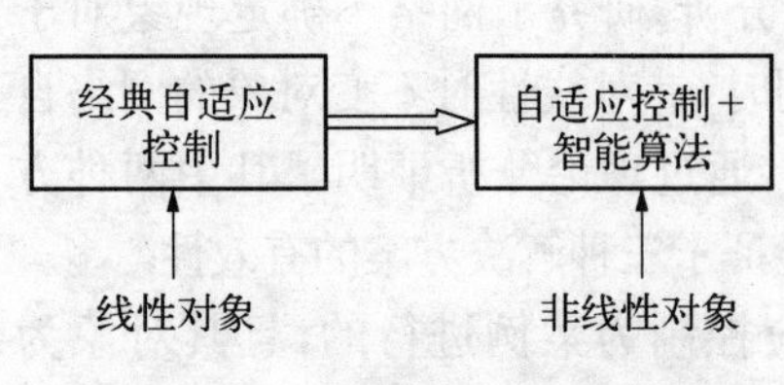

图 8 - 1　自适应控制主要发展过程的示意图

由此，在本章中力图构造一种针对非线性对象的基于网络辨识的自适应模糊控制系统，其中的辨识回路通过通信网络闭环，从而构成基于网络辨识的自适应模糊控制系统. 同以上三章一样，考虑引入网络之后的网络诱导延时对系统控制性能的影响，并验证在上两章提出的解决方案是否也适用于自适应模糊控制，并分析其输出收敛性. 总之，本章的主要目的是研究基于网络辨识的自适应控制体系在其他控制系统中应用的可能性以及本文提出的解决方案的可推广性.

8.2　基于网络辨识的自适应模糊控制系统的原理

与第五章中提出基于网络辨识的自适应控制系统类似，基于网

络辨识的自适应模糊控制系统的结构图如图 8-2 所示,其中的被控对象为如下的仿射非线性系统

$$y(k)=\alpha(y(k-1),\cdots y(k-n),\ u(k-2),\ \cdots,\ u(k-m))+\beta(y(k-1),\ \cdots,\ y(k-n),\ u(k-2),\ \cdots,\ u(k-m))u(k-1) \quad (8-1)$$

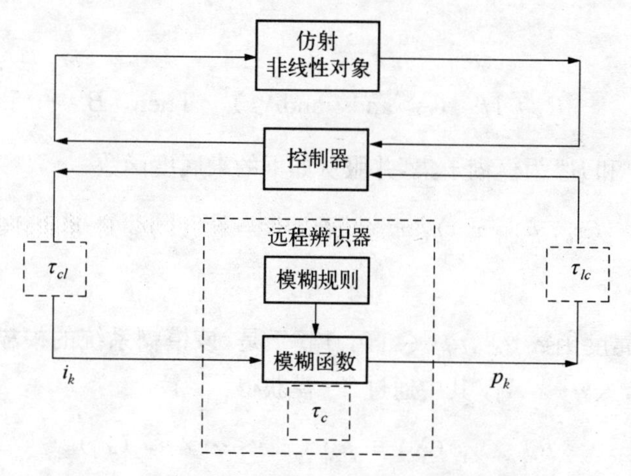

图 8-2　基于网络辨识的自适应模糊控制系统

令 $X(k)=(y(k),\cdots y(k-n+1);u(k-1),\ \cdots,\ u(k-m+1))$,它是表示被控对象在 k 时刻的状态向量. 于是对象模型可以表示为以下的预测模型

$$y(k+1)=\alpha(X(k))+\beta(X(k))u(k) \quad (8-2)$$

其中 $\alpha(\cdot)$ 和 $\beta(\cdot)$ 为光滑的连续非线性函数.

控制目标是由远程辨识器采用模糊逻辑函数分别逼近 $\alpha(\cdot)$ 和 $\beta(\cdot)$,然后根据估计获得的参数采用确定性等价原理求取控制量 $u(k)$,使得系统输出 $\{y\}\rightarrow\{y^*\}$, y^* 为参考输入序列,即

$$\lim_{k\rightarrow\infty}(y(k)-y^*(k))=0 \quad (8-3)$$

8.2.1 利用模糊逻辑逼近未知非线性函数

假设标准的多入单出模糊逻辑系统有 n 个输入，1个输出，其输入向量为 $X=[x_1, x_2, \cdots, x_n]^T \in R^n$，输出为 $y=F(X)\in R$. 若共有如下 p 条模糊规则

$$R_1: If \quad (A_1^{k_1} \text{and} \cdots \text{and} A_n^{l_1}) \quad \text{Then} \quad B^{a_1}$$

$$\cdots$$

$$R_p: If \quad (A_1^{k_p} \text{and} \cdots \text{and} A_n^{l_p}) \quad \text{Then} \quad B^{a_p}$$

其中 A_b^a 和 B^a 为模糊子集，并服从如下的隶属度函数

$$A_b^a=\{(x_b, \mu_{A_b^a}(x_b)): x_b\in R\}, B^a=\{(y, \mu_{B^a}(y)): y\in R\} \tag{8-4}$$

其中隶属度函数 $\mu_{A_b^a}, \mu_{B^a}\in[0, 1]$. 于是，该模糊系统的模糊前件为 $A_1\times A_2\times\cdots\times A_n$，其中通过 T-模获得

$$\mu_{A_1^{k_i}\times\cdots\times A_n^{l_i}}(X)=\mu_{A_1^{k_i}}(x_1)*\cdots*\mu_{A_n^{l_i}}(x_n)$$

而第 i 条规则的模糊蕴涵为

$$\mu^{k_i}_{A_1\times\cdots\times A_n^{l_i}\to B^{a_i}}(X, y)=\min\{\mu^{k_i}_{A_1\times\cdots\times A_n^{l_i}}(X), \mu_{B^{a_i}}(y)\}$$

若清晰化使用中心平均法，模糊逻辑系统的输出关系 $y=F(X)$ 可以表示为

$$F(X)=\frac{\sum_{i=1}^{p} c_i\mu_{A_1^{k_i}\times\cdots\times A_n^{l_i}}(X)}{\sum_{i=1}^{p}\mu_{A_1^{k_i}\times\cdots\times A_n^{l_i}}(X)} \tag{8-5}$$

其中 $c_i(i=1, 2, \cdots, p)$ 为 μ_{B^i} 取最大值时的值，由于一般 μ_{B^i} 都为对称，因此，c_i 也就是 μ_{B^i} 的中心. 定义

$$A=[c_1, c_2, \cdots, c_p] \tag{8-6}$$

$$\xi_i=\frac{\mu_{A_1^{k_i}\times\cdots\times A_n^{l_i}}(X)}{\sum_{i=1}^{p}\mu_{A_1^{k_i}\times\cdots\times A_n^{l_i}}(X)} \tag{8-7}$$

于是

$$\xi=[\xi_1^T, \xi_2^T, \cdots, \xi_p^T] \tag{8-8}$$

$$y=F(X)=A^T\xi \tag{8-9}$$

因此,可以用模糊逻辑函数估计非线性对象参数 $\alpha(\cdot)$ 和 $\beta(\cdot)$[89].研究表明许多类型的模糊逻辑函数是通用逼近子,且具有很强的逼近非线性函数能力,可以通过以下定理及推论表现出来.

【定理 8-1】[100] 对于如下构造的模糊系统:

(1) 对 $\forall x_0\in U$,模糊化为 U 中模糊集,其隶属函数 $A(x)=\mu_{[x_0,\delta]}(x)$,其中 $\mu_{[x_0,\delta]}(x)\neq 0$,当且仅当 $|x-x_0|<\delta$,或采用单点模糊化;

(2) 模糊输出是 $B=A{\cdot}R$,其中“·”是 S-T 积,T 与 S 分别为某种 T-模和 T-余模;

(3) 清晰化输出为:$\text{output}(x_0)=y_0=Defuzz(B)$. 此外 $\bar{R}$ 表示模糊关系类:对每个有限矩形域族 $\{(x, y)\in R^2 \,\|\, x-x_j|<\delta, |y-y_j|<\varepsilon; x_j, y_j\in R\}$, $j=1, 2, \cdots k$.

于是对紧集 $U\subset R$ 上的任意连续函数 $f(x)$ 及任意实数 $\varepsilon>0$,存在一个模糊关联 $R\in\bar{R}$ 及实数 $\varepsilon>0$,使得如上定义的模糊系统满足:$\sup\limits_{x\in U}\{|\text{output}(x)-f(x)|\}\leqslant\varepsilon$

另外,若以 $\bar{F}_R$ 代表某模糊规则系统,其模糊规则为

$$R_i: \text{if } X \text{ is } A_i, \text{ then } Y \text{ is } B_i,\ i\in\{1, 2, \cdots, p\}$$

其中 A_i 和 B_i 的隶属函数分别为 $\mu[a_i^1, b_i^1]$ 和 $\mu[a_i^2, b_i^2]$,且当 $x\in(a, b)$,$\mu[a, b]\neq 0$. 模糊系统应用任意的模糊化方法和清晰化方法. 于

是有以下推论.

【推论 8-1】[100] 对紧集 $U\subset R$ 上的任意连续函数 $f(x)$ 及任意实数 $\varepsilon>0$,存在一个模糊规则系统 $F\in\overline{F}_R$,使得 $\sup\limits_{x\in U}\{|output(x)-f(x)|\}\leqslant\varepsilon$

8.2.2 带死区的自适应控制算法

8.2.2.1 死区的定义

定义连续死区函数为:

$$D_c(x,\varepsilon)=\begin{cases}x-\varepsilon, & x>\varepsilon\\ 0, & |x|\leqslant\varepsilon\\ x+\varepsilon, & x<-\varepsilon\end{cases}\tag{8-10}$$

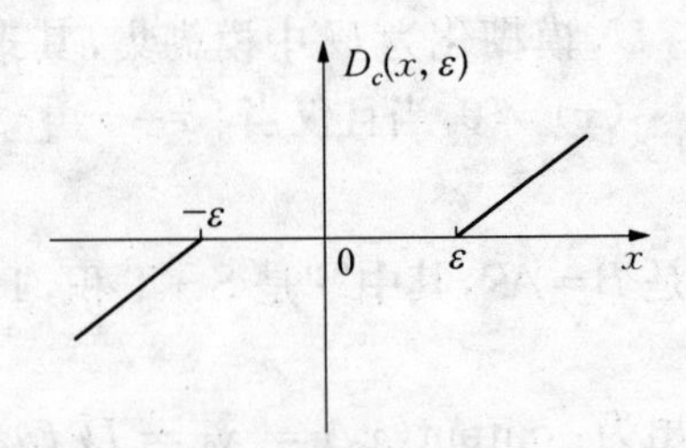

图 8-3 输入死区函数

对于以上的死区,可以得到以下两条引理[89]:

【引理 8-1】 若 $y=x+w$ 其中,$0\leqslant|w|<W$,而 W 为有限实数,则 $D_c(y,\varepsilon)=\pi x$,对于任意的 $\varepsilon\geqslant W$,有 $0\leqslant\pi<1$.

【引理 8-2】 若 $\lim\limits_{k\to\infty}|x(k)|=\infty$,则对于任意有限的 $\varepsilon\geqslant0$,有

$$\lim_{k\to\infty}\frac{D_c(x(k),\varepsilon)}{x(k)}=1\tag{8-11}$$

可见,连续死区函数可以保证输出信号不会大于输入信号,当 $x\gg\varepsilon$ 时,$D_c(x,\varepsilon)\to x$.

8.2.2.2 利用模糊逻辑的带死区的参数估计(梯度算法)实现

为了实现针对仿射非线性对象的自适应模糊控制，首先需要对被控对象作出如下假设：

【假设 8-1】 参考信号 $y^*(k)$ 有界，即 $y^*(k)<\infty$，且在第 k 个采样周期 $y^*(k+d)$ 已知.

【假设 8-2】 由式(8-2)定义的仿射非线性对象是指数衰减过程.

由于"假设 8-1"和"假设 8-2"的存在，若式(8-2)中的 $\alpha(\cdot)$ 和 $\beta(\cdot)$ 已知，则存在以下理想控制器，可以在最少拍后跟踪参考输入.

$$u^*(k)=\frac{y^*(k+1)-\alpha(X(k))}{\beta(X(k))} \tag{8-12}$$

但这里的 $\alpha(\cdot)$ 和 $\beta(\cdot)$ 还是未知的，由上一节可知，可以用形如式(8-9)的模糊逻辑系统表示 $\alpha(\cdot)$ 和 $\beta(\cdot)$. 于是可得

$$\begin{cases}\alpha(X(k))=F_\alpha(X(k),\ A_\alpha(k))+w_\alpha(k)\\ \beta(X(k))=F_\beta(X(k),\ A_\beta(k))+w_\beta(k)\end{cases} \tag{8-13}$$

其中 $F_\alpha(\cdot)$ 和 $F_\beta(\cdot)$ 分别为 $\alpha(\cdot)$ 和 $\beta(\cdot)$ 的模糊逼近，$w_\alpha(k)$ 和 $w_\beta(k)$ 为建模误差. 显然，当 $\|w_\alpha\|$ 和 $\|w_\beta\|$ 最小时，F_α 和 F_β 为最佳逼近，即

$$A_\alpha^*=\arg\min_{A_\alpha\in\Omega_\alpha}\left[\sup_{X\in S_x}F_\alpha(X,\ A_\alpha)-\alpha(X)\right]$$
$$A_\beta^*=\arg\min_{A_\beta\in\Omega_\beta}\left[\sup_{X\in S_x}F_\beta(X,\ A_\beta)-\beta(X)\right] \tag{8-14}$$

其中 Ω_α 和 Ω_β 是包含 A_α^* 和 A_β^* 的紧空间.

显然，得到 $A_\alpha(k)$ 和 $A_\beta(k)$ 之后，就可以用 $F_\alpha(\cdot)$ 和 $F_\beta(\cdot)$ 来作为 $\alpha(\cdot)$ 和 $\beta(\cdot)$ 的估计 $\hat{\alpha}(\cdot)$ 和 $\hat{\beta}(\cdot)$，于是有

$$\hat{\alpha}(X(k))=F_\alpha(X(k),\ A_\alpha(k))\ \hat{\beta}(X(k))=F_\beta(X(k),\ A_\beta(k)) \tag{8-15}$$

再利用确定性等价原理，用$\hat{\alpha}(\cdot)$ 和$\hat{\beta}(\cdot)$ 代替实际非线性函数进行形如式(8-12)的控制器设计. 这样系统的控制律为

$$u(k)=\frac{y^{*}(k+1)-\hat{\alpha}(X(k))}{\hat{\beta}(X(k))} \tag{8-16}$$

于是系统跟踪误差为

$$\begin{aligned} e(k+1) &= y^{*}(k+1)-y(k+1) \\ &= [\hat{\alpha}(X(k))-\alpha(X(k))]+ \\ &\quad [\hat{\beta}(X(k))-\beta(X(k))]u(k) \end{aligned} \tag{8-17}$$

为了更清楚地表示跟踪误差与模糊逻辑函数之间的关系，定义

$$\Phi_{\alpha}(k)=A_{\alpha}(k)-A_{\alpha}^{*},\Phi_{\beta}(k)=A_{\beta}(k)-A_{\beta}^{*}$$

于是系统跟踪误差可以改写为

$$\begin{aligned} e(k+1) = &\Phi_{\alpha}^{T}(k)\xi_{\alpha}(X(k))+\Phi_{\beta}^{T}(k)\xi_{\beta}(X(k))u(k)- \\ &\bar{w}_{\alpha}(k+1)-\bar{w}_{\beta}(k+1)u(k) \end{aligned} \tag{8-18}$$

令 $\bar{w}(k)=\bar{w}_{\alpha}(k)+\bar{w}_{\beta}(k)u(k-1)$，其中 $|\bar{w}_{\alpha}(k)|<+\bar{W}_{\alpha}$，$|\bar{w}_{\beta}(k)|<+\bar{W}_{\beta}$. 这里采用$\bar{w}_{\alpha}(k)$ 和$\bar{w}_{\beta}(k)$ 代替了式(8-13) 中的 $w_{\alpha}(k)$ 和 $w_{\beta}(k)$，因为它们不仅包含了理想的逼近误差，也包含了参数线性化的误差. 同时令 $\Phi=[\Phi_{\alpha}^{T},\Phi_{\beta}^{T}]^{T}$，$\xi=[\xi_{\alpha}^{T},\xi_{\beta}^{T}u]^{T}$，于是式(8-18)变为

$$e(k+1)=\Phi^{T}(k)\xi(X(k))-\bar{w}(k+1) \tag{8-19}$$

采用连续死区之后系统的跟踪误差变为

$$e_{\varepsilon}(k)=D_{c}(e(k),\varepsilon(k)) \tag{8-20}$$

其中，$\varepsilon(k)=\bar{W}_{\alpha}+\bar{W}_{\beta}\,|\,u(k-1)\,|$. 采用如下的梯度算法来估计 $A(k)$(包括 $A_{\alpha}(k)$ 和 $A_{\beta}(k)$)

$$A(k)=A(k-1)-\frac{\eta\xi(k-1)e_{\varepsilon}(k)}{1+\gamma\mid\xi^{T}(k-1)\mid^{2}} \tag{8-21}$$

其中 $\gamma>0, 0<\eta<\gamma$. 在上式中两边减去 A^* 可得

$$\Phi(k)=\Phi(k-1)-\frac{\eta\xi(k-1)e_{\varepsilon}(k)}{1+\gamma\mid\xi^{T}(k-1)\mid^{2}} \tag{8-22}$$

当辨识回路由网络连接后(参见图 8-2),控制器和辨识器就从物理上分离开来. 由此,控制器以固定的周期将输入/输出数据 $i_k=(y(k), u(k-d))$ 经由通信网络送给辨识器. 但由于网络传输过程中存在网络诱导延时,而且一般情况下这种延时是随机时变的,于是辨识器不是马上就能利用式(8-21) 或式(8-22) 进行参数估计并得出辨识结果 $p_k=\hat{\theta}(k)$. 而且辨识器把$\hat{\theta}(k)$ 回送给控制器的时候也是经由网络传输的,于是式(8-16)的控制律也不再适用. 可见,由于通信网络引入的网络诱导延时会对辨识算法和控制律都可能产生影响.

8.3 应用解决方案Ⅰ后的收敛性分析

同 6.2 节类似,对于基于网络辨识的自适应模糊控制系统采用放大至最大延时的解决方案Ⅰ,于是往返总延时变成:

$$\tau^{k}=\tau^{\max}=ceil\left(\frac{\tau_{ci}^{\max}+\tau_{c}+\tau_{ic}^{\max}}{h}\right)\times h \tag{8-23}$$

往返采样间隔变成:

$$\Delta^{\max}=\tau^{\max}/h=ceil\left(\frac{\tau_{ci}^{\max}+\tau_{c}+\tau_{ic}^{\max}}{h}\right),\ \Delta^{\max}\in N \tag{8-24}$$

以下分析解决方案Ⅰ在基于网络辨识的自适应模糊控制系统下的收敛性情况,从而可知其泛化能力.

自适应控制的稳定性分析是相关研究的重要组成部分,Goodwin 和 Wang 分别在经典自适应控制及自适应模糊控制稳定性方面做出

过重要贡献.但 Wang 的工作主要是针对连续对象,此后,Spooner[89]在针对离散对象的自适应模糊控制方面进行了工作,他证明了形如式(8-2)的一类仿射非线性对象,在一定假设条件下,采用 8.2.2 节的自适应模糊控制方法,整个系统是输出收敛的.但引入了网络连接辨识回路,考虑网络诱导延时之后,系统是否继续保证输出收敛?

为了进行收敛性分析,首先引入参考文献[89]中的以下引理.此处的引理是文献[71]中 Goodwin 中的关键引理的扩展.

【引理 8-3】[89] 若

$$\lim_{t\to\infty}\frac{e_\varepsilon(k)}{\sqrt{c_1(k)+c_2(k)\|v(k)\|^2}}=0 \tag{8-25}$$

其中 $e_\varepsilon(k)=D_c(e(k),\varepsilon)$,$\delta_1\leqslant c_1(k)\leqslant C_1<\infty$ 且 $\delta_2\leqslant c_2(k)\leqslant C_2<\infty$,$\|v(k)\|\leqslant C_3+C_4\max_{j=0}^{k}|e(j)|$ 为有界信号,于是

(1) $\|v(k)\|$ 为有界向量序列;

(2) $\lim\limits_{k\to\infty}e_\varepsilon(k)=0$.

在不考虑网络情况下,参考文献[89]中的以下定理:

【定理 8-2】[89] 针对形如式(8-2),并满足“假设 8-1”和“假设 8-2”的被控对象,则采用式(8-21)的辨识算法、式(8-16)的控制律的自适应模糊控制系统可保证:

(1) $\lim\limits_{k\to\infty}\frac{e_\varepsilon(k)}{\sqrt{1+\gamma|\xi(k-1)|^2}}=0$ (8-26)

(2) $\lim\limits_{k\to\infty}|\Phi(k)-\Phi(k-1)|=0$ (8-27)

另外,若 $|\xi(k-1)|\leqslant c_3+c_4\max_{j=0}^{k}|e(j)|$,$0\leqslant c_3, c_4\in R$ 为有限常数,于是有

(3) $\lim\limits_{k\to\infty}e_\varepsilon(k)=0$

以上结果都是在不考虑辨识回路中的网络诱导延时的情形下得到,若考虑采用 6.2 节中的放大至最大延时的方法,并假设最大往返

采样间隔为 $\Delta^{\max}$，则辨识器把参数估计结果 $A_{\alpha}(k)$ 和 $A_{\beta}(k)$ 传给控制器时存在 $\Delta^{\max}$ 个采样周期的延时，则系统的跟踪误差可以改写为

$$e(k) = \Phi^{T}(k-\Delta^{\max}-1)\xi(X(k-1)) \tag{8-28}$$

而经历连续死区以后的跟踪误差为

$$e_{\varepsilon}(k) = D_{c}(e(k), \varepsilon(k))$$

根据“引理 8-1”，有

$$e_{\varepsilon}(k) = \pi(k)\Phi^{T}(k-1)\xi(X(k-1)) \tag{8-29}$$

于是针对基于网络辨识的自适应模糊控制系统，可以得到以下定理：

【定理 8-3】 如果“假设 6-1”、“假设 5-1”～“假设 5-5”成立，自适应辨识及控制算法如式(8-16)和式(8-21)所示，施加于形如式(8-2)的对象之上；若以上自适应控制系统采用如图8-2 所示的通信网络连接之后，构成了基于网络辨识的自适应模糊控制系统. 当采用时间标签和缓冲器实现 6.2 的解决方案Ⅰ，系统能够保证输出收敛性，即

(1) $\{y(k)\}$ 和 $\{u(k)\}$ 为有界序列；

(2) $\lim\limits_{k\to\infty} e_{\varepsilon}(k) = 0$.

【证明】 式(8-29)的跟踪误差可以改写为以下形式：

$$\begin{aligned}
e_{\varepsilon}(k) &= \pi(k)\Phi^{T}(k-\Delta^{\max}-1)\xi(X(k-1)) \\
&= \pi(k)(A(k-\Delta^{\max}-1)-A^{*})^{T}\xi(X(k-1)) \\
&= \pi(k)(A(k-\Delta^{\max}-1)-A(k-1)+ \\
&\quad A(k-1)-A^{*})^{T}\xi(X(k-1)) \\
&= \pi(k)(A(k-1)-A^{*})^{T}\xi(X(k-1))- \\
&\quad (A(k-1)-A(k-\Delta^{\max}-1))^{T}\xi(X(k-1)) \\
&= \pi(k)\Phi^{T}(k-1)\xi(X(k-1))-\pi(k)(A(k-1)-
\end{aligned}$$

$$A(k-\Delta^{\max}-1))^{T}\xi(X(k-1)) \qquad (8-30)$$

观察

$$\lim_{k\to\infty}\frac{e_{\varepsilon}(k)}{\sqrt{1+\gamma|\xi(k-1)|^{2}}}$$

$$=\lim_{k\to\infty}\frac{\pi(k)\Phi^{T}(k-1)\xi(X(k-1))}{\sqrt{1+\gamma|\xi(k-1)|^{2}}}-$$

$$\lim_{k\to\infty}\frac{(A(k-1)-A(k-\Delta^{\max}-1))^{T}\xi(X(k-1))}{\sqrt{1+\gamma|\xi(k-1)|^{2}}} \qquad (8-31)$$

由“定理 8-2”中的式(8-26),可得式(8-31)中的第 1 项为零. 同时,由“定理 8-2”中的式(8-27)可知

$$\begin{aligned}\Phi(k)-\Phi(k-1)&=A(k)-A^{*}-A(k-1)-A^{*}\\&=A(k)-A(k-1)\end{aligned}$$

于是,式(8-27)可以改写为

$$\lim_{k\to\infty}|A(k)-A(k-1)|=0$$

且当 $0<\Delta^{\max}<M_{\Delta}(M_{\Delta}>0, \Delta^{\max}\in N)$ 时,

$$\lim_{k\to\infty}|A(k)-A(k-\Delta^{\max}-1)|=0 \qquad (8-32)$$

于是,可得式(8-31)中的第 2 项也为零. 即

$$\lim_{k\to\infty}\frac{e_{\varepsilon}(k)}{\sqrt{1+\gamma|\xi(k-1)|^{2}}}=0 \qquad (8-33)$$

再由“引理 8-3”,可得

$$\lim_{k\to\infty}e_{\varepsilon}(k)=0 \qquad (8-34)$$

于是,在考虑网络诱导延时条件下的输出收敛性得证.

8.4　本章小结

本章在前三章研究基于网络辨识的自适应控制系统的基础之上，把针对仿射非线性对象的自适应模糊控制系统的辨识回路经由通信网络闭环，其中采用带死区的参数估计（梯度算法）实现对象辨识，从而构造了基于网络辨识的自适应模糊控制系统.并把解决方案Ⅰ—放大至最大延时方法用到新的系统之中，通过理论分析证明了采用此种方法以后，针对仿射非线性对象，同样能够保证系统的输出收敛性.此外，本章虽然没有把另两种解决方案应用到新的系统之中，但与解决方案Ⅰ一样，它们同样适用与基于网络辨识的自适应模糊控制系统，只是限于篇幅，在本章中不再赘述.可见，前三章研究的解决方案不仅仅适用于某一特定对象或一种整定（辨识）算法，相应的研究成果具有一定的通用性，可以推广、扩展到不同的被控对象或其他的整定（辨识）算法之中，这对于基于网络整定的控制系统在不同场合的应用具有重要的指导意义.

由此，可以得出以下猜想，实际上也是进一步的研究目标：对于基于网络整定的控制系统，原来直接连接的系统若是输出收敛的，采用通信网络闭环整定（辨识）回路之后，只要采取一定有效措施之后将仍旧可以保证输出收敛.当然，是否适用于某些特定场合，还要具体考虑被控对象的性质和控制要求.

第九章 总结与展望

9.1 全文总结

从 20 世纪 70 年代开始，采用点对点模拟信号连接方式的分散型控制系统(DCS)出现在电站、石化等大型连续型流程生产领域. 此后，自 20 世纪 90 年代以来，现场总线、工业以太网在各种工业现场得到了广泛的应用，数字通信网络代替了点对点连接，并由此诞生了网络控制系统. 数字通信网络在控制系统中的全面出现正受到国内外自动化设备制造商与用户越来越强烈的关注，将给自动化领域带来又一次革命，其深度和广度将超过历史上的任何一次，从而开创了自动化领域的新纪元.

同时，先进控制算法由于较为复杂，实施时需要占用相当的计算资源，计算能力有限的控制器难以实时运行. 即使通过硬件升级的方法提升控制器的性能得以运行先进控制算法，过于复杂的算法也难以保证系统的可靠性. 本文尝试通过利用网络上计算资源实现先进控制中复杂的辨识或整定算法，采用通信网络和控制系统相结合的途径，实现具有先进控制功能的控制系统. 但通信网络的不确定现象对于辨识或整定算法和控制算法的顺利实施具有消极影响，由此本文分析了使用通信网络之后系统控制性能和收敛性的变化情况，最后提出了三类解决方案来保证系统的稳定性并提高控制性能. 本文的主要成果和创新点可概括如下：

1. 提出了一种全新的网络和控制系统的结合体—“基于网络整定的控制系统”，利用通信网络和控制系统相结合的方法，针对先进控制算法过于复杂，难以在计算能力有限的控制器上实现的瓶颈，建立了一种新的面向应用的先进控制体系.

传统网络控制系统之中,控制回路通过通信网络闭环.本文在此基础之上,对网络控制系统进行了扩展,创新地提出了一种新的利用网络传输控制信息的方法:基于网络整定的控制系统.在此种系统之中,远程整定单元与本地控制器从物理上分离开来形成整定回路,并通过通信网络闭环.由此,远程整定单元实现复杂的整定算法并提供给控制器,本地控制器利用整定结果完成简单的控制算法,由此实现了既能分享通信网络上的计算资源,又能保证本地控制器可靠的控制体系,在一定程度上解决了阻碍先进控制算法在生产现场难以直接应用的难题.

2. 提出了在基于网络整定的控制系统之中针对多个不确定时变延时的分析方法,建立了多个延时可叠加性的判断途径.

由于网络的不确定现象可以简化为网络诱导延时,本文首先针对基于网络整定的控制系统中的网络诱导延时,研究了影响延时的大小和分布的主要因素:网络协议和设备驱动方式,由此提出了在特定情况下的通信设备和控制设备选择的依据,对于推动基于网络整定的控制系统在生产现场的应用具有重要价值.随后,在多个延时共存的整定回路中,本文探索把多个时变延时合并为一个等价总延时的可能性.研究表明整定算法对网络诱导延时可叠加性具有重要影响,由此提出了以下的判断方法:1)对于静态整定算法,多个延时可以看作为一个等价的集中延时进行研究,并可以在一定条件下获得等价延时的上下限;2)对于动态整定算法,在一般情况下多个时变延时不能够合并为等价延时.

3. 针对采用静态整定算法的控制系统,提出了把整定回路中分散的网络诱导延时和计算延时建模为集中延时的等效结构,并构建了采用性能下降函数实现性能分析的新方法,实现了延时对控制性能影响的定量分析.

本文针对典型的静态整定算法构成的网络整定控制系统—“基于网络整定的类PD型模糊控制系统”,深入研究了网络不确定现象对于控制系统的影响. 相应的理论分析和仿真研究表明：整定回路中的网络诱导延时对整定算法和控制律的实时性都会产生消极影响，进而导致控制性能变差. 随后，根据静态整定算法的特点，提出了把整定回路中分散的网络诱导延时和计算延时建模为集中延时的等效结构，并和控制系统模型融为一体，为相应的性能分析提供了可能的途径. 同时，在传统的性能指标的基础上构建了性能下降函数进行解析描述，提出了便于实际应用的定量分析延时对控制性能影响的新方法.

4. 建立了自适应控制的一种新颖的实现方式—基于网络辨识的自适应控制系统，其属于采用动态整定算法的网络整定控制系统. 同时，针对由于网络引入的延时和丢包对于控制性能的影响，提出了三种通过理论分析和仿真实验表明是有效的解决方案.

由于静态整定算法比较简单且应用有限，本文的研究重点侧重于采用动态整定算法的系统. 由此，提出了用通信网络闭合自适应控制系统的整定(辨识)回路的思想，建立了典型的动态整定算法构成的网络整定控制系统—"基于网络辨识的自适应控制系统"，提出了自适应控制的一种新颖的实现方式. 在其整定回路(辨识回路)之中，时变的网络诱导延时使得辨识器和控制器端均有可能出现数据滞后和错序. 研究表明：错序现象可能导致辨识算法的错误使用而至系统输出发散. 由此，本文推导出了辨识器端错序和控制器端错序的条件用以判断错序的发生，并提出了利用时间标签和缓冲器来处理数据包错序问题并消除网络不确定性的技术(解决方案Ⅰ)，并在此基础上提出了改进的缓冲器法(解决方案Ⅱ)进一步提高系统性能. 同时严格证明了解决方案Ⅰ和Ⅱ的输出收敛性，提出了两条具有理论支撑性的重要定理，探索了在原有自适应控制稳定性理论基础上提出新理论、解决新问题的研究路线. 更为重要的是，解决方案Ⅲ从通信和控制的结合点—丢包率入手，开辟了一条综合利用通信和控制策略解决网络不确定性问题的新途径.

5. 在基于网络辨识的自适应控制系统基础之上，把以上的解决方案进一步应用至基于网络辨识的自适应模糊控制系统之中，验证了提出的方法的泛化能力.

针对仿射非线性对象,构建了"基于网络辨识的自适应模糊控制系统",并验证了上述提出的解决方案对于不同的对象,采用不同的辨识算法的自适应模糊控制系统仍然有效,进一步说明了基于网络整定的控制系统的可行性和提出的解决方案的泛化能力,进而形成了如下的重要猜想:对于基于网络整定的控制系统,原来直接连接的系统若是输出收敛的,采用通信网络闭环辨识回路之后,只要采取一定有效措施之后仍旧可以保证输出收敛.当然,是否适用于某些特定场合,还要具体考虑被控对象的性质和控制要求.

本文以类PD型模糊控制系统和自适应控制系统作为案例,力图通过网络整定解决先进控制策略由于本地计算资源有限而难以实施的问题,同时研究网络不确定现象引入的新问题和相应的解决方案.由于目前的自适应控制算法要求每个采样周期都要进行参数估计并重新整定,对于通信网络的诱导延时以及错序和丢包现象相当敏感,采用自适应控制作为本文的典型案例具有重要的意义.以上的工作只是对此类问题的一个初探研究,随着相关研究的不断深入,对推动基于网络整定的控制系统的进一步研究(特别是在控制性能方面的研究)及支持其在实际系统中的成功应用有着重要意义.

9.2 进一步工作的展望

9.2.1 基于网络整定的控制系统

在基于网络整定的控制系统中,本文研究通信网络的不确定因素(简化为网络诱导延时)对控制系统性能及稳定性的影响,并提出一系列解决方案加以处理.针对基于网络(本文以以太网为主要对象)的自适应控制系统的研究结果能否像在全文总结中那样推广至其他系统中呢?这是一个很重要的问题.无非有两种答案:如果可以的话,对推动基于网络整定的控制系统在生产现场的应用具有极其重要的意义.如果不可以的话,基于网络整定的控制系统就会分为两种：一种就像自适应控制那样，采取一定措施以后可以保证系统输出收敛性，具有较强的鲁棒性.另一种就是整定回路通过通信网络连接之后，不能继续保证系统的输出收敛性.相关问题可以分为两个方面继续进行研究：1）针对不同的控制系统进一步进行研究，比如预测控制、鲁棒控制等，通过引入由通信网络构成的整定（辅助）回路以简化本地控制器的结构或设计方法，或增强鲁棒性，甚至可以借助远程单元把几种控制算法合为一体形成更为有效的算法；2）针对不同的通信网络进一步进行研究，其中包括不同的通信协议、不同的传输媒介等.

在控制系统方面，本文的案例—自适应控制每个采样周期都需要进行参数估计和整定，对于通信网络的要求较高，具有相当的典型性.因此在本文的基础上，研究并开发对于通信网络不敏感的控制算法，使得本地控制器能可靠地完成基本的控制功能，一般情况下并不需要远程整定单元每个采样周期都进行参数整定.远程整定单元只是适时地进一步改善系统性能，实现"锦上添花"的功能；或者当系统性能急剧变差或不稳定时，通过远程整定单元的工作，能够继续保证其稳定性，即"雪中送炭"的功能.由于不需要每拍整定，对于通信网络的不确定现象就更鲁棒，相应的研究具有重要的实际意义.

此外，本文通过远程整定单元改变本地控制器的参数，除了参数整定以外，若远程单元同时具有搜索、识别、记忆和推理等学习功能，则可以称其为远程学习单元，整个控制系统也可以改称为基于网络学习的控制系统.显然，具有远程学习功能的控制系统是基于网络整定的控制系统的进一步发展，学习算法比整定算法更为复杂，更需要具有强大计算能力的远程单元实现，但由于通信网络引起的不确定现象同样会影响学习算法以及控制算法的正常实施，相应的研究也具有重要的意义.

在通信网络方面，对于通信协议的数据链路层来说，采用 CSMA 协议的以太网已经是不确定性很强的通信网络了，当然肯定还有一些不确定性更强的通信网络，但对于控制应用来说，至少从目前来看已经没有太大的实际意义.但对于通信协议的物理层来说,连接方式的不同倒是可以引起更不确定的情况.

无线局域网(Wireless Local Area Network,缩写为 WLAN),就是采用无线通讯技术代替传统电缆,提供传统有线局域网功能的网络.然而,这并不说明无线局域网不需要传输介质,只是使用了人眼无法看到的电磁波而已.按与有线局域网的关系,无线局域网分为独立式和非独立式两种.独立式无线局域网指整个网络都使用无线通信的无线局域网,非独立式无线局域网指局域网中无线网络设备与有线网络设备相结合使用的局域网.

目前非独立式无线局域网居于无线局域网的主流,在有线局域网的基础上通过无线访问节点、无线网桥、无线网卡等设备使无线通信得以实现,其本身还要依赖于有线局域网,是有线局域网的扩展和补充,而不是有线局域网的替代产品.因此在控制现场采用以IEEE802.11 g 为代表无线局域网技术,作为有线网络的补充和冗余可以使得系统连接更为灵活.

但同时,由于无线环境与有线环境相比,具有误码率高、时延大、带宽低、信道不对称以及频繁的移动等特性,使无线网络中的通信质量难于保证.若在基于网路整定的控制系统中采用无线局域网技术,对于控制系统来说,网络诱导延时更大,丢包情况更为明显和不确定,因此,有效地改善无线网络中的通信性能,形成采用无线局域网技术的系统将具有明显的现实意义.

综上所述,对于不同的控制系统,采用不同的网络连接方式,构建更具生命力的基于网络整定的控制系统将是一个重要的研究方向,不论其最后得出的研究成果是否与本文类似或相同,都对推动基于网络整定的控制系统的应用有重要的实际意义.

9.2.2 全网络整定控制系统

本文主要研究了整定回路中网络诱导延时问题,而假设控制回路为直接连接,因此,只考虑了整定回路中的延时问题,而假设控制回路中的网络诱导延时为零.另外,即使控制回路也是通过专用控制网络连接,由于其延时小而固定,而且与被控对象的时间常数相比可以忽略不计.这种假设是符合大多数被控对象的,特别是化工和制造业中对象的时间常数与专用控制网络延时相比很大.但是,在某些特殊应用场合,比如传动控制,对控制的实时性要求很高,若控制回路采用网络闭环,这种网络诱导延时在系统的分析和设计过程中是不能忽略的.

由此,控制回路和整定回路均通过网络闭环,都存在网络诱导延时,形成了利用专用控制网络和公用局域网的全网络整定控制系统(见图9-1),若远程单元具有学习功能,则成为全网络学习控制系统.其中控制回路一般延时较小且有界,而整定回路延时则较大且随机性强.同时与9.2.1节联系起来,由于有线网络成本高、施工周期长、维护不方便,尤其是缺乏灵活性,故可以采用有线接入和无线接入相结合的方式构建合理的网络连接拓扑,并在不同应用场合研究并选用合理的无线接入标准,防止信号屏蔽和干扰.由此建立一个现场总线(控制回路)与公用局域网(整定回路)共存、有线网络和无线网络(作为有线网络的补充和冗余)混合的全网络控制系统平台,这样的系统架构在实际应用中将是很有发展前途的.

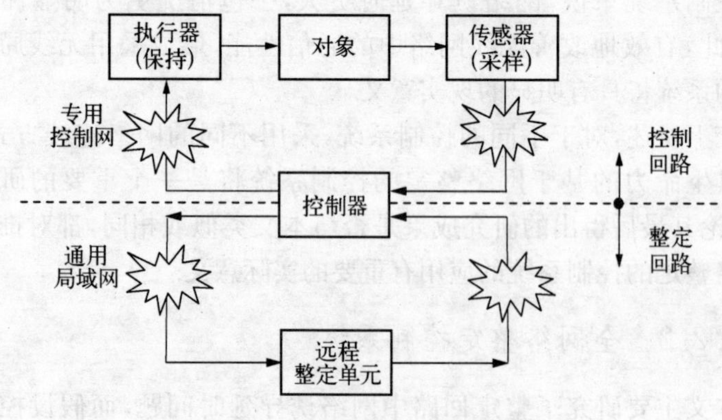

图9-1　全网络整定控制系统

国内外对于控制回路中的网络诱导延时问题已经有较多的研究成果,而在整定回路延时方面,本文也取得了一定成果. 由于控制回路和整定回路是紧密耦合的,并互有影响,利用国内外和课题组在相关领域已有研究成果展开进一步研究,建立全网络控制系统的性能指标体系,同时进行稳定性分析,得出保证系统稳定的条件,并采用通信/控制综合策略降低延时影响,构建稳定、鲁棒的全网络整定控制系统将是很有必要的.

9.2.3 从实时网络、实时控制到实时性能管理

众所周知,各种通信网络在制造业企业中已经获得了广泛且成功的应用,特别是近年来,控制网络(现场总线、工业以太网等)在工业现场作为连接现场设备的媒介被越来越多地使用,成为替代传统点对点连接的主要选择. 此外,本文又提出采用公用局域网构建整定回路,分享其他计算机或设备的资源来实现更为复杂的控制功能. 但公用局域网存在实时性问题,难以用于快速响应系统的底层控制;专用控制网络具有通用性问题,难以与企业局域网以至广域网连通. 因此,上一小节的全网络整定控制系统实际上由两种不同的通信网络构成. 可见,研究同时具备更强实时性和通用性的企业级通信网络将是基于网络整定的控制系统乃至全网络整定控制系统的重要研究方向.

当实时且通用的网络技术成熟并应用到企业之后,图 9-1 中不论是控制回路还是整定回路均由一种统一的网络实现,而且可以无缝地与企业管理局域网连接. 由此,采用此种通信网络的大规模实时全网络整定控制系统必将是一个新的课题,而其实时控制策略(Real-time Control)必须考虑实时网络的影响,称之为实时网络和实时控制策略的综合设计,即实现网络要求和控制要求之间的平衡,获得最优的控制性能. 另外,借助实时网络和实时控制策略,实时性能管理(Real-time Performance Management,简称 RPM)将渐渐浮出水面,对于企业管理方式它可以带来比当前的企业资源计划(ERP)更激动人心的改变.

附录 A 仿真软件 NetAdaptive 的设计与开发

A.1 引言

20 世纪 80 年代以后，随着 Astrom[83] 和 Goodwin[85] 等学者在自适应控制理论方面获得重大突破以后，自适应控制方法被逐渐用于各个领域，其在过程控制、家电、航天、汽车等领域的应用越来越广泛，并凭借其优良的控制品质获得了学术界和工程界的逐步承认. 但由于自适应控制涉及比较复杂的参数辨识（估计）算法，故人工设计不仅耗时费劲，而且设计水平因人而异，难以规范. 而且，未建模动态的存在引出了自适应控制的鲁棒性问题，对自适应控制的应用造成困难. 同时，随着 IT 业迅速发展，个人计算机（PC）速度大幅度提高，功能日益增强，有众多软件支持，价格连年下降，普及率越来越高，为计算机辅助设计进入自适应控制领域铺平了道路.

近年来，出现了一些与自适应控制有关的仿真软件，比如 Matlab 中由 Ljung[109] 编写的参数辨识工具箱（System Identification Toolbox），可以实现多种参数辨识算法，包括递推最小二乘法和梯度算法. 但它只是参数估计过程，难以实现与控制系统的连接. 因此，有的学者在 Matlab 已有基础之上，开发自己的自适应控制仿真软件包，比如 Ole Ravn[110, 111] 开发的用于 Matlab Simulink 环境的 TAB（The Adaptive Blockset）构件库. 但目前还是缺少权威且专用的自适应控制的数字仿真软件.

而在网络控制系统方面，网络诱导延时会明显的降低系统的性能,为了使设计更加便利,拥有一个用来分析和仿真延时对控制性能影响的专用软件是很必要的. Anton Cervin 和 Dan Henriksson 等[112]开发了两种基于 MATLAB 的实时网络控制系统分析工具:JITTERBUG 和 TRUETIME.

■ JITTERBUG[113]是一个通用分析工具,可以用来分析线性控制系统在不同网络诱导延时条件下的控制回路的性能,诸如:可以方便快捷地分析控制器对采样、延时等参数的敏感程度;实现延时补偿控制器、非周期控制器和多速率采样控制器.

■ 如果要进一步分析或设计控制系统,可以利用 TRUETIME[114] 仿真工具. TRUETIME 是基于 MATLAB/SIMULINK 的仿真器,也是用来分析网络控制系统的仿真平台. 它可以在一个离散的实时控制系统中,对过程的动态响应、控制任务的执行状况以及通信网络的信息传输进行仿真. TRUETIME 提供了两个仿真模块:计算机处理仿真模块和网络仿真模块,它可以用来分析不确定延时对控制性能的影响.

以上两种仿真软件包都是针对控制回路经由通信网络闭环的网络控制系统,不能进行整定回路经由通信网络闭环的基于网络整定的控制系统的分析和设计,且不支持自适应控制算法

综上所述,国内外的相关软件产品各有优势,但也有各自的不足之处,特别针对本文提出的基于网路整定的控制系统,没有现成的软件可以用于仿真研究. 同类软件现状可以归纳为以下两条:1) 具备专用的自适应控制数字仿真和网络控制系统仿真软件,但缺少通信网络闭合整定回路的仿真软件,无法对基于网络辨识的自适应控制系统进行数字仿真;2) 一般的控制系统仿真软件不具备包含通信网络的分布式仿真功能.

因此,在充分分析了国内外同类软件发展状况的基础上,为了实现本文的研究目标,以自适应控制算法和网络连接为基础,本人开发出一套"基于网络辨识的自适应控制计算机辅助设计软件"(简称为

NetAdaptive),由此提供了一个适用于网络辨识控制系统设计、分析和仿真的有效工具.

A.2 仿真软件包的设计目标

在研究过程中将采用仿真实验和实际验证相结合的方法,实验过程(见图 A-1)如下:

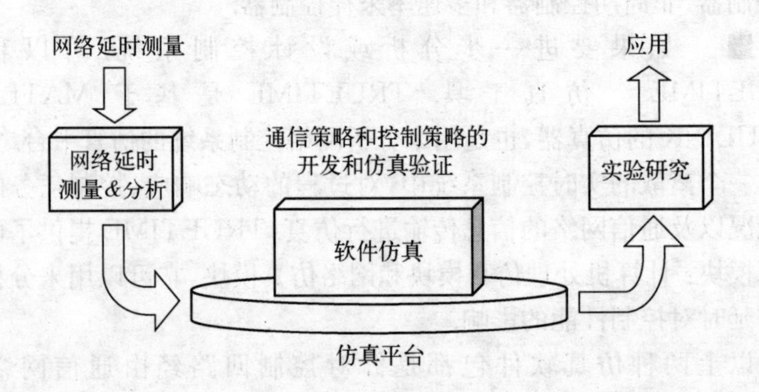

图 A-1 实验方案

1) 先进行延时测量并建立网络诱导延时模型:采用 3.3.3 节中的网络诱导延时测量平台(见图 3-3(b)),针对单个特别是多个控制节点分别进行数据采集和数据传输实验,得到相应的网络诱导延时规律.

2) 针对网络控制系统中普遍存在的网络诱导延时,结合原有控制模型对整个网络控制系统进行建模,然后在本人已开发的先进控制策略仿真软件 FuzzyCAD 的基础上,构建软件仿真平台(见图 A-2),对推导出的稳定性条件和提出的算法进行软件仿真.

3) 最后在搭建的实验平台上进行实际验证,为进一步的推广应用奠定理论和实验基础.

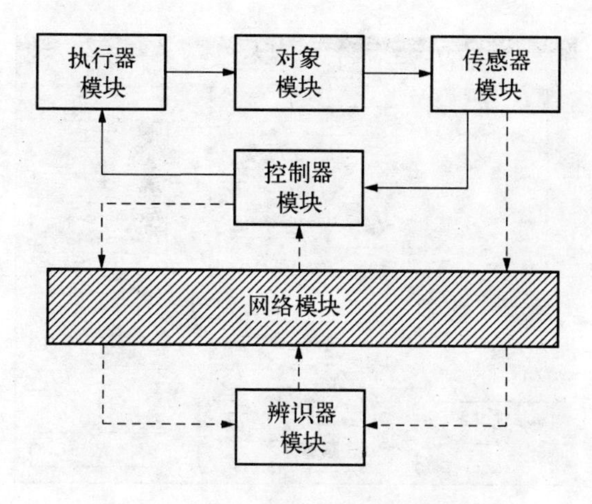

图 A-2　NetAdaptive 软件仿真平台

因此,仿真软件包 NetAdaptive 的总体设计目标是为基于网络辨识的自适应控制系统的分析和设计提供帮助,它应该具有以下功能:1) 验证网络诱导延时的存在,并分析其相关性质. 2) 在掌握延时基本性质的前提下,采用前面提出的各种解决方案对基于网络辨识的自适应控制系统进行数字仿真研究.

A.3　数字仿真软件 NetAdaptive 的开发

NetAdaptive 在 Matlab 6.5 环境下开发,采用 GUI(Graphic User Interface)[115, 116]技术实现良好的人机界面. 用户不必输入繁琐、难以理解的命令行即可方便、直观地完成所有功能,其主界面如图 A-3 所示. 它包括:

● 系统结构显示区域(包括对象模块、控制器模块、辨识器模块和延时模块);

● 基本性能指标显示区域(包括丢包率、性能函数、最大误差绝对值和最大输出量绝对值);

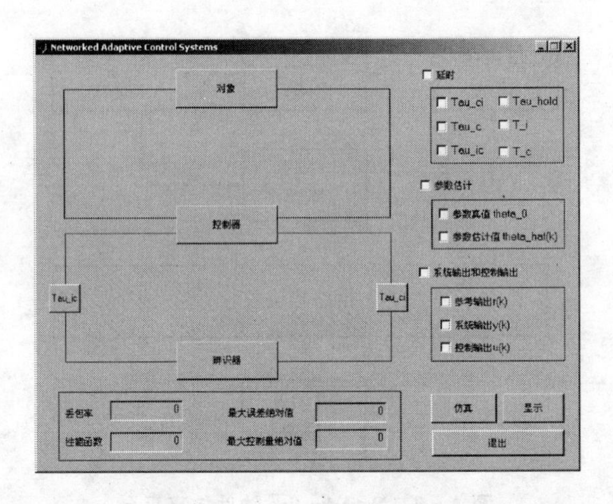

图 A－3　NetAdaptive 主界面

● 输出项目选择区域(延时,参数估计和系统输出和控制输出),仿真,显示及退出按钮.

被控对象参数设置界面、时变延时设置界面界面、辨识器参数设置界面和控制器参数设置界面如图 A－4～图 A－7 所示. 而网络诱导延时设置及分析界面如图 A－8 所示.

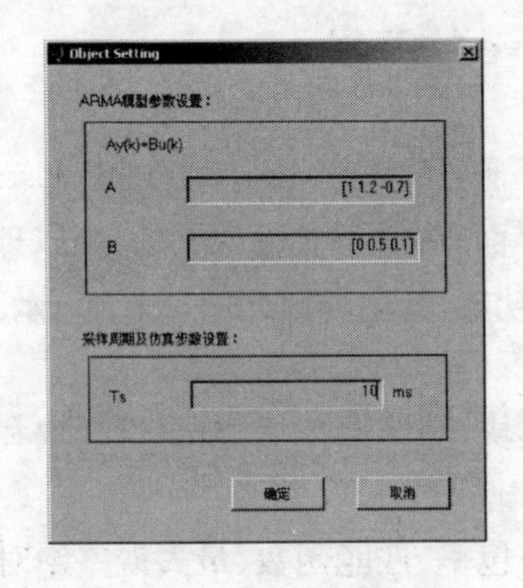

图 A－4　被控对象参数设置界面

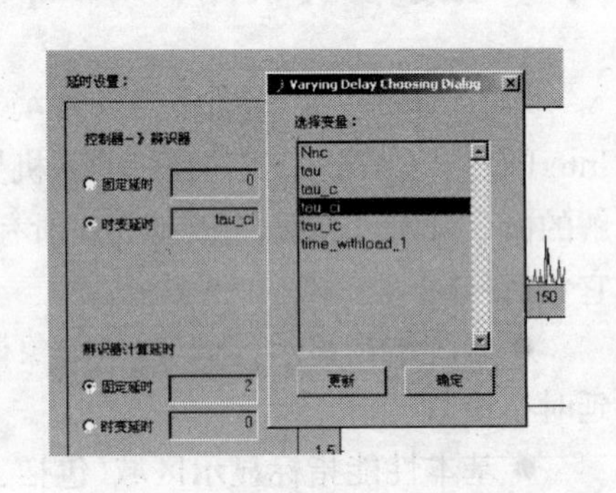

图 A－5　时变延时设置界面

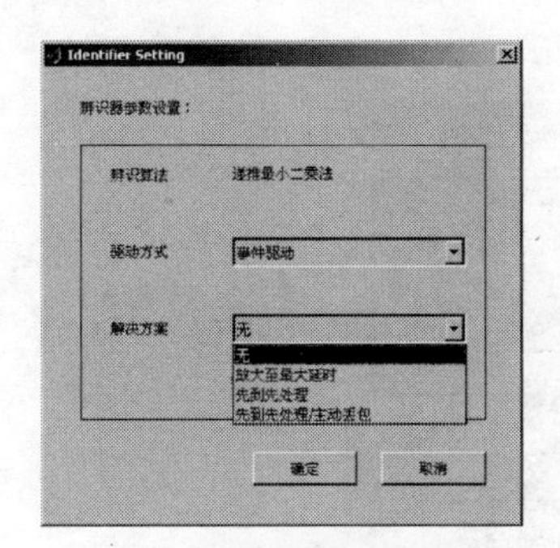

图 A-6　辨识器参数设置界面　　图 A-7　控制器参数设置界面

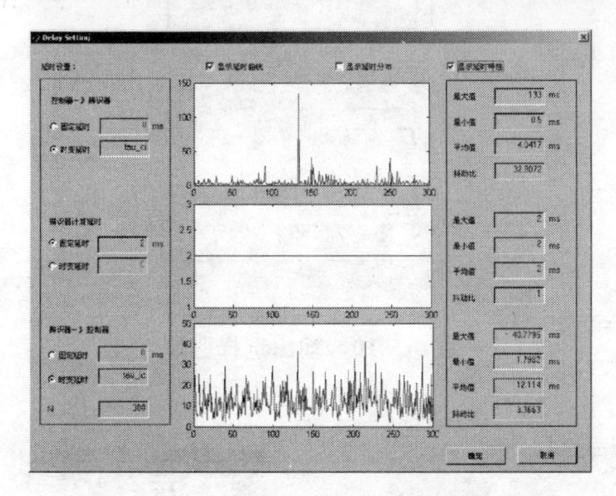

图 A-8　网络诱导延时设置及分析界面

完成以上基本设置以后，点击仿真按钮即可实现数字仿真，系统相关性能指标将在如图 A-9 所示的基本性能显示区域中以数字形式直观显示. 另外在如图 A-10 的输出选择区域中进行选择以后，可以方便地显示参数辨识过程和系统输出曲线，参见图 A-11.

图 A-9　基本性能显示区域

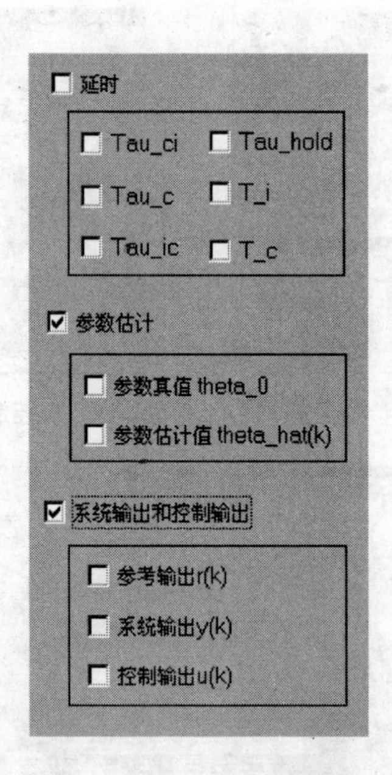

图 A－10　输出选择区域

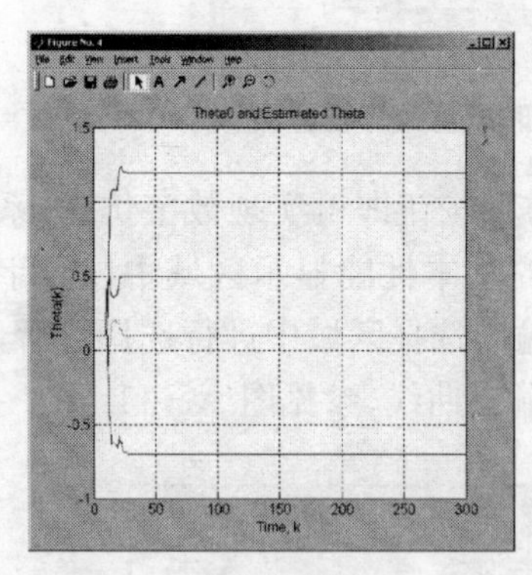

(a) 参数辨识

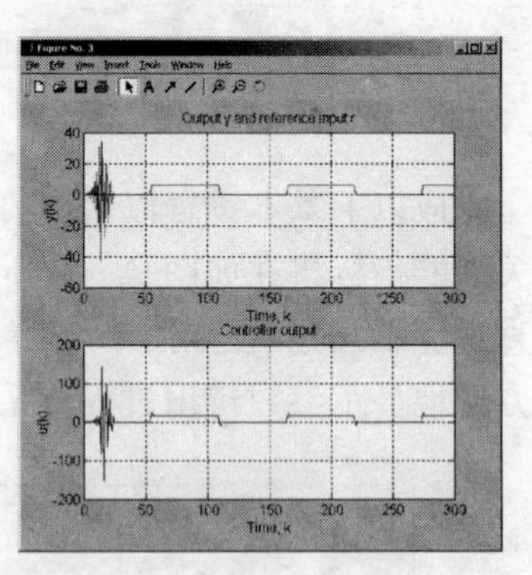

(b) 参数输出

图 A－11　仿真结果输出

A.4 小结

本附录用 Matlab 6.5 开发基于网络辨识的自适应控制系统的仿真软件包：NetAdaptive(单机版 for use within Matlab)，第五～七章中所有的数字仿真均由此软件实现. 但网络诱导延时信息需要预先测量再手动导入，下一步将用 Visual C++ 6.0 和 Matlab 6.5 共同开发 NetAdaptive. Client/Server(客户机/服务器网络版)，也可称为半物理仿真软件包. 它将由经由实际通信网络相连的两台计算机进行分布式仿真，而对象、控制器和辨识器仍由数字仿真实现，其架构见图 A-12. 显然，这种仿真方式更有参考价值，结果可以直接推广至实际应用.

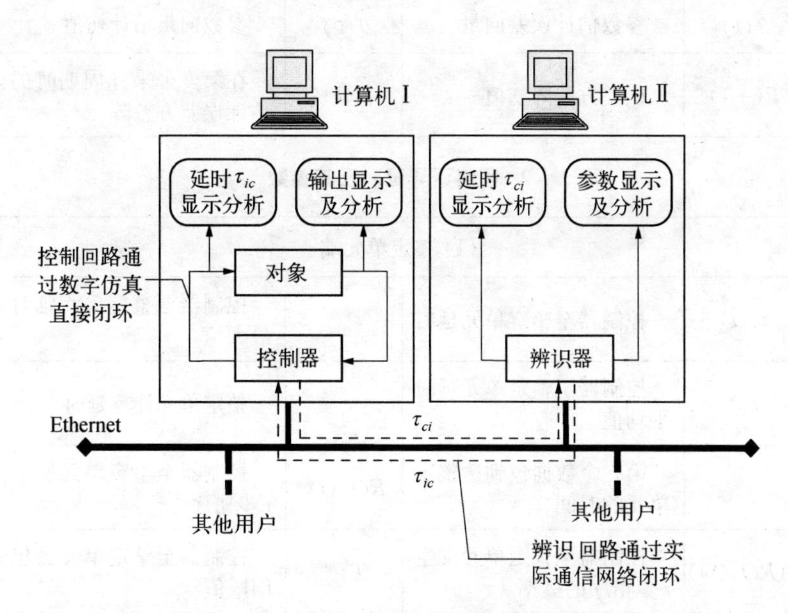

图 A-12 半物理仿真软件包架构

A.5 主要符号说明

1. 对象及其参数

$y(k)$	对象输出	$y^*(k)$	期望输出
$u(k)$	对象输入,即控制器输出	h	采样周期
q^{-1}	一步延迟算子	d	被控对象从输入到输出间的纯延迟(以采样周期的整数倍计)
$\varphi^T(k)$	信息向量		
$\hat{\theta}(k)$	估计参数向量	θ_0^T	参数向量真值
$\tilde{\theta}(k)$	参数估计误差向量	$\hat{\theta}(0)$	参数向量估计初值
$P(-1)$	误差方差阵初值	$P(k)$	在第 k 个采样周期时的估计误差方差阵

2. 网络诱导延时及其参数

(1) 整定单元端

$\tau_{cl}(t)$	控制器至整定单元延时	$\tau_{cl}^{\max}$	控制器至整定单元延时最大值
τ_{cl}^{avg}	控制器至整定单元延时平均值	τ_c	整定单元计算延时
t_I^k	第 k 个数据包到达整定单元的时间	$RO_{cl}(i)$	控制器至整定单元发生 i 步错序
$P(RO_{cl}(i))$	控制器至整定单元发生 i 步错序的概率	T_{cl}^{hold}	控制器至整定单元丢包门限值
P_{cl}^l	控制器至整定单元发生丢包的概率		

续 表

(2) 控制器端			
$\tau_{lc}(t)$	整定单元至控制器延时	$\tau_{lc}^{\max}$	整定单元至控制器延时最大值
τ_{lc}^{avg}	整定单元至控制器延时平均值	t_C^k	第 k 个数据包经过参数估计获得参数,传输到达控制器的时间
(3) 往返			
τ^k	往返延时(总延时)	$\tau^{\max}$	往返延时最大值
Δ^k	往返采样间隔(第 k 个采样周期发出)	$\Delta^{\max}$	往返最大采样间隔
δ^k	往返采样间隔(第 k 个采样周期收到)		

3. 性能参数

J	性能指标函数	$e^{\max}$	误差最大绝对值
$u^{\max}$	控制量最大绝对值		

参 考 文 献

[1] Halevi Y., Ray A. Integrated communication and control systems: Part I-Analysis. ASME Journal of Dynamic Systems, Measurement, & Control, 1988, 110(4): 367-373.

[2] Nilsson J. Real-Time control systems with delays. Sweden: Lund Institute of Technology, 1998.

[3] Zhang W., Branicky M. S., Phillips S. M. Stability of networked control systems. IEEE Control Systems Magazine, 2001, 21(1): 84-99.

[4] Murray, R. M., Astrom, K. J., Boyd, S. P., Brockett, R. W., Stein, G. Future directions in control in an information-rich world. IEEE Control Systems Magazine, 2003, 23(2): 20-33.

[5] 李力雄. 企业 e 化及其实现的方法. 机械与电子, 2001, 5: 24-27.

[6] Goodwin, G. C., Haimovich, H., Quevedo, D. E., Welsh, J. S. A moving horizon approach to networked control system Design. IEEE Transactions on Automatic Control, 2004, 49 (9): 1427-1445.

[7] 黎善斌，王智，张卫东，等. 网络控制系统的研究现状与展望. 信息与控制，2003，32(3): 239-244.

[8] Citect产品的典型应用［Online］, Available: http: //www.citect.com.cn/ application.htm.

[9] Beckhoff 应用及解决方案［Online］, Available: http: //www.beckhoff.com.cn.

[10] 陈维刚，边宁宁，费敏锐. 基于CIP协议的Ethernet/IP工业以太网节点设计. 测控技术，2004，6: 45-47.

[11] Global Manufacturing Solutions，[Online]，Available: http: //www. rockwellautomation. co. uk/solutions /index. htm.

[12] Automated Controls Improve Quality and Efficiency for Resin Manufacturer [Online]，Available: http: //www. rockwellautomation. co. uk/case_studies/ casestudy_misc_scott. htm.

[13] 王树青，金晓明，荣冈. 先进控制技术及应用. 化工自动化及仪表，1999，26(2): 61-65.

[14] 费敏锐，陈伯时. 智能控制方法的交叉综合及其应用. 控制理论与应用，1996，13(3): 273-281.

[15] 苑明哲，刘玉忠，周悦，等. 先进控制与FF现场总线. 工业仪表与自动化装置，2003，2: 7-9.

[16] 费敏锐，李力雄. 基于网络学习的控制系统. In: Proceedings of 2003年中国智能自动化会议，2003，Hong Kong.

[17] 楼佩煌，陈希. 基于Internet的FMS远程故障诊断技术. 测控技术，1999，11: 21-23.

[18] Developing Scalable Networked Monitoring and Control Systems with LabVIEW [Online]，Available: http: //zone. ni. com/devzone/conceptd. nsf /webmain，Jan. 2002.

[19] Li L. X.，Fei M. R.，Zhou X. B. Analysis on network-induced delays in networked learning based control systems. In: Proceedings. of International Symposium on Computational and Information Sciences，Shanghai China，2004: 310-315.

[20] Lian Feng-Li，Moyne J. R.，Tilbury D. M. Performance evaluation of control networks: ethernet，ControlNet，and DeviceNet. IEEE Control Systems Magazine，2001，21(1): 66-83.

[21] Tanenbaum A. S. Computer Networks, Fourth Edition. 北京: 清华大学出版社.

[22] 谢希仁. 计算机网络. 北京: 电子工业出版社, 1999.

[23] Wittenmark, B., Nilsson J., Törngren M. Timing problems in real-time control systems. In: Proceedings of the 1995 American Control Conference, Seattle, WA, USA, 1995: 2000-2004.

[24] Ling Q., Lemmon M. D. Optimal dropout compensation in networked control systems. In: Proceedings. of 42nd IEEE Conference on Decision and Control, 2003, 1: 670-675.

[25] Montestruque L. A., Antsaklis P. Stability of model-based networked control systems with time-varying transmission times. IEEE Transactions on Automatic Control, 2004, 49 (9): 1562 - 1572.

[26] Stubbs A., Dullerud G. E. Networked Control of Distributed Systems. In: Proceedings. of 40th IEEE Conference on Decision and Control, USA December 2001, 1: 203-204.

[27] Blair D. D., Jensen D. L., Doan D. R., Kim T. K. networked intelligent motor-control systems [J]. IEEE Industry Applications Magazine, 2001 7(6): 18-25.

[28] 朱其新, 胡寿松, 侯霞. 长时滞网络控制系统的随机稳定性研究[J], 东南大学学报(自然科学版), 2003, 33(3): 368-371.

[29] 张结斌, 文代刚. 基于 Internet/Intranet 分布式网络控制系统的实现[J], 自动化与仪表, 1999, 14(4): 1-4.

[30] 顾洪军, 张佐, 吴秋峰. 控制系统的网络化发展[J], 工业仪表与自动化装置, 2000, 1: 62-65.

[31] Lian Feng-Li, Moyne J., Tilbury D. Network design consideration for distributed control systems. IEEE Transactions on Control Systems Technology, 2002, 10(2): 297-307.

[32] 彭刚等. 网络延时和负荷变化对基于网络的遥控操作机器人系统的影响和解决方法. 计算机工程与应用，2002，38(11)：12－15，52.

[33] 任长清. 基于神经网络预测远程控制系统中信息延时的研究. 计算机工程与应用，2003，14：167－169.

[34] Nesic，D. and Teel，A. R.，Input-output stability properties of Networked control systems. IEEE Transactions on Automatic Control，2004，49(10)：1650－1667.

[35] 吴迎年，张建华，侯国莲，等. 网络控制系统研究综述(I). 现代电力，2003，20(5)：74－81.

[36] 吴迎年，张建华，侯国莲，等. 网络控制系统研究综述(II). 现代电力，2003，20(6)：54－62.

[37] Chow Moyuen，Tipsuwan，Y. Gain adaptation of Networked DC motor controllers based on QoS variations. IEEE Transactions on Industrial Electronics，2003，50(5)：936－943.

[38] Tatikonda S.， Mitter S. Control under communication constraints. IEEE Transactions on Automatic Control，2004，49(7)：1056 － 1068.

[39] Branicky M. S.，Phillips S. M.，Zhang Wei. Scheduling and feedback co-design for networked control systems. In：Proceedings of the 41st IEEE Conference on Decision and Control，Las Vegas，December 10－13，2002，2：1211－1217.

[40] 周晓兵，费敏锐. 以太网在工业自动化领域中的应用现状及发展前景. 自动化仪表，2001，22(10)：1－4，16.

[41] Otanez P. G.，Parrott J. T.，Moyne J. R.，Tilbury D. M. The implications of Ethernet as a control network. In：Proceedings of Global Powertrain Conference，Ann Arbor，MI，September 2002.

[42] Lian Feng-Li，Moyne J. R.，Tilbury D. M. Time delay

modeling and sample time selection for networked control systems. In: Proceedings of the ASME, Dynamics Systems and Control Division, November 2001, New York.

[43] Bauer P., Sichitiu M., Premaratne K. On the nature of the time-variant communication delays. In: Proceedings of IASTED Conference Modeling, Identification and Control (MIC 2001), Innsbruck, Austria Feb 2001: 792-797.

[44] Bauer P., Sichitiu M., Premaratne K. Closing the loop through communication networks: the case of an integrator plant and multiple controllers. In: Proceedings of The 38th IEEE Conference on Decision and Control, Phoenix, Arizona, Dec. 1999: 2180-2185.

[45] Bauer P., Sichitiu M., Premaratne K. Controlling an integrator through data networks: stability in the presence of unknown time-variant delays. In: Proceedings of the 1999 IEEE International Symposium on Circuits and Systems, May 30-Jun. 2, 1999, Orlando, Florida, 5: 491-494.

[46] Sichitiu M., Bauer P., Lorand C., Premaratne K. Total delay compensation in LAN control systems and implications for scheduling. In: Proceedings of ACC 2001, Arlington, VA, 2001: 4300-4305.

[47] Ray A. Performance evaluation of medium access control protocols for distributed digital avionics. ASME J. Dyn. Syst., Measurement, Contr. 1987,109(4): 370 - 377.

[48] 顾洪军，张佐，吴秋峰. 网络控制系统的机理描述模型. 控制与决策，2000，15(5): 634-636.

[49] Walsh G. C., Ye H., Bushnell L. Stability analysis of networked control systems. In: Proceedings of Amer. Control Conf., San Diego, CA, June 1999: 2876-2880.

[50] Zhang W., Branicky M. S. Stability of networked control systems with time-varying transmission period. In: Proceedings of Allerton Conf. Communication, Control, and Computing, Urbana, IL, Oct. 2001.

[51] Branicky M. S., Phillips S. M., Zhang W. Stability of networked control systems: explicit analysis of delay. In: Proceedings of Amer. Control Conf., Chicago, IL, June 2000: 2352-2357.

[52] Branicky M. S. Stability of hybrid systems: state of the art. In: Proceedings of IEEE Conf. Decision and Control, San Diego, 1997: 120-125.

[53] Kim D. S., Lee Y. S., Kwon W. H., Park H. S. Maximum allowable delay bounds in networked control systems. Control Engineering Practice (Elsvier Science), 2003, 11(11): 1301-1313.

[54] Kim D. S., Lee Y. S., Kwon W. H. Scheduling analysis of networked control system. In: Proceedings of IFAC NTCC, 2001: 77-82.

[55] Park H. S., Kim Y. H., Kim D. S., Kwon W. H. A scheduling method for network-based control systems. IEEE Transaction on Control System Technology, 2002, 3(3): 318-330.

[56] Kweon S.-K., Shin K. G. Achieving real-time communication over ethernet with adaptive traffic smoothing. In: Proceedings of Sixth IEEE Real-Time Technology and Applications Symposium, 31 May-2 June 2000, 90-100.

[57] Nilsson, J., Bernhardsson B., Wittenmark B. Stochastic analysis and control of real-time systems with random time delays. In: Proceedings of the IFAC World Congress 1996,

San Francisco, CA, USA, 1996: 267-272.

[58] Nilsson, J., Bernhardsson B., Wittenmark B. Stochastic analysis and control of real-time systems with random time delays. Automatica, 1998, 34(1): 57-64.

[59] Lian Feng-Li, Moyne J. R., Tilbury D. M. Optimal controller design and evaluation for a class of networked control systems with distributed constant delays. In: Proceedings of The 2002 American Control Conference, May 2002.

[60] Lian Feng-Li, Moyne J. R., Tilbury D. M. Analysis and modeling of networked control systems: MIMO case with multiple time delays. In: Proceedings of the American Control Conference, June 2001, Arlington, VA.

[61] 于之训. 时延网络控制系统均方指数稳定的研究. 控制与决策, 2000, 15(3): 278-281, 289.

[62] 于之训，陈辉堂，王月娟. 具有 Markov 延迟特性的网络系统的控制研究. In: Proceedings of 3rd WCICA, 2000, Hefei, China, 2000: 3636-3640.

[63] 于之训，具有传输延迟的网络控制系统中状态观测器的设计，信息与控制，29(2)，2000，p125-130.

[64] Almutairi N. B., Chow, Moyuen Tipsuwan, Y. Network-based Controlled DC Motor with Fuzzy Compensation. In: Porceedings of The 27th Annual Conference of the IEEE Industrial Electronics Society, 29 Nov. - 2 Dec. 2001, 3: 1844-1849.

[65] Suk Lee, Sang Ho Lee, Kyung Chang Lee. Remote fuzzy logic control for networked control system. In: Proceedings of the 27th Annual Conference of the IEEE Industrial Electronics Society, 29 Nov. - 2 Dec. 2001, 3: 1822-1827.

[66] 孙富春，孙增圻. 网络控制. 中国智能自动化会议论文集，

2001: 42 - 50.

[67] 费敏锐. 网络诱导延时对先进控制学习收敛性的影响及补偿策略(项目批准号: 60274031),国家自然基金计划任务书.

[68] 李力雄. FuzzyCAD 用户手册. 2000.

[69] Li Lixiong, Fei Minrui, Yang Taicheng. Gaussian-basis-function neural network control system with network-induced delays. In: Proceedings of International Conference on Machine Learning and Cybernetics, Nov. 2002, 3: 1533 - 1536.

[70] 胡包钢,应浩. 模糊 PID 控制技术研究发展回顾及其面临的若干重要问题. 自动化学报, 2001, 27(4): 567 - 584.

[71] Goodwin G. C., Kwai Sang Sin. Adaptive filtering, prediction and control. Englewood Cliffs, NJ: Prentice Hall, 1984.

[72] 刘金琨. 先进 PID 控制及其 Matlab 仿真. 北京: 电子工业出版社, 2003.

[73] 龙升照, 汪培庄. Fuzzy 控制规则的自调整问题. 模糊数学, 1982, 8: 105 - 112.

[74] He S. Z., Tan S, Wang P. Z. Fuzzy self-tuning of PID controller. Fuzzy Sets & Systems, 1993, 56: 37 - 46.

[75] 诸静. 模糊控制原理与应用. 北京: 机械工业出版社, 1995.

[76] 李士勇. 模糊控制·神经控制和智能控制论. 哈尔滨: 哈尔滨工业大学出版社, 1996.

[77] 高卫华, 陈应麟. 一种简单的 PID 型模糊控制器的参数调整方法. 测控技术, 2000, 19(11): 39 - 41.

[78] 毛用才, 胡奇英. 随机过程. 西安: 西安电子科技大学出版社, 2002.

[79] Bennett J. C. R., Partridge C., Shectman N. Packet reordering is not pathological network behavior [J]. IEEE/ACM Transactions on Networking, 1999, 7(6): 789 - 798.

[80] Nehme A., Phillips W., Robertson W. The effect of

reordering and dropping packets on TCP over a slow wireless link. In: Proceedings of Electrical and Computer Engineering, IEEE CCECE 2003, 2003, 3: 1555-1558.
[81] Banka T., Bare A. A., Jayasumana A. P., Metrics for degree of reordering in packet sequences. In: Proceedings of 27th Annual IEEE Conference on Local Computer Networks, 2002: 333-342.
[82] Yook J. K., Tilbury D. M., Soparkary N. R. A design methodology for distributed control systems to optimize performance in the presence of time delays[J]. International Journal of Control, 2001, 74(1): 58-76.
[83] Astrom K. J., Wittenmark B. On self tuning regulators. Automatica, 1972, 9: 185-199.
[84] Astrom K. J., Wittenmark B. Adaptive control, Boston, MA: Addison-Wesley Longman Publishing Co., Inc., 1994.
[85] Goodwin G. C., Ramadge P. J., Caines P. E. Discrete-time multivariable adaptive-control. IEEE Transactions on Automatic Control, 1980, 25(3): 449-456.
[86] Goodwin G. C., Ramadge P. J., Caines P. E. Discrete-time stochastic adaptive-control. SIAM Journal on control and optimization, 1981, 19(6): 829-853.
[87] Wang L. X. Stable Adaptive Fuzzy Control of Nonlinear Systems. IEEE Transactions on Fuzzy Systems, 1993, 1(2): 146-155.
[88] Yuan Z. D., Hou S. H. Indirect adaptive fuzzy control of discrete-time nonlinear systems. In: Proceedings of 3rd World Congress on Intelligent Control and Automation, Hefei, China, 2000: 1770-1774.
[89] Spooner J. T., Ordonez R., Passino K. M. Indirect adaptive fuzzy

control for a class of discrete-time systems. In: Proceedings of American Control Conference, 1997, 5: 3311 - 3315.

[90] Luck R., Ray A. An observer-based compensator for distributed delays. Automatica, 1990, 26(5): 903 - 908.

[91] Peterson L. L., Davie B. S., 计算机网络. 北京：机械工业出版社，2001.

[92] Moon Jicheol, Lee Byeong Gi, Rate adaptive packet dropping scheme for TCP traffic over rate-controlled links. In: Proceedings of IEEE International Conference on Communications, 2001, 9: 2660 - 2664.

[93] 陈相宁，王京，程时昕，等. 多个 TCP 连接的拥塞丢包模型. 电子学报，2002，7：990 - 994.

[94] Hadjicostis C. N., Touri R. Feedback Control Utilizing Packet Dropping Network Links. In: Proceedings of the 41st IEEE Conference on Decision and Control, Las Vegas, Nevada, 2002, 2: 1205 - 1210.

[95] 张怀宙，秦化淑. 不确定仿射非线性系统的自适应控制—GRBF 网络学习方法. 控制理论与应用，1999，16(1)：11 - 15.

[96] 魏晨. 一类非线性随机系统的自适应控制. 控制理论与应用，1997，14(6)：817 - 821.

[97] 谢亮亮，郭雷. 一类仿射非线性系统适应控制的稳定性. 科学通报，1998，43(9)：925 - 929.

[98] 陆璐，李天石，史维祥. 仿射非线性系统神经网络自适应控制器的研究及其在机械手中的应用. 机器人，1999，21(3)：161 - 166.

[99] Wang, L.-X., Mendel, J. M. Fuzzy basis functions, universal approximation, and orthogonal least-squares Learning. IEEE Transactions on Neural Networks, 1992, 3(5): 807 - 814.

[100] 张明廉，杨亚炜. 作为通用逼近子的模糊系统及其逼近性质.

北京航空航天大学学报，1999，25(3)：268－271.

[101] Shiqian Wu，Meng Joo Er. Dynamic fuzzy neural networks-a novel approach to function approximation. IEEE Transactions on Systems，Man and Cybernetics，Part B，2000，30(2)：358－364.

[102] Wang Lixin，Chen Wei. Approximation accuracy of some neuro-fuzzy approaches. IEEE Transactions on Fuzzy Systems，2000，8(4)：470－478.

[103] Wang Wei-Yen，Lee Tsu-Tian，Liu Chinglang and Wang Chihsu. Function approximation using fuzzy neural networks with robust learning algorithm. IEEE Transactions on Systems，Man and Cybernetics，Part B，1997，27(4)：740－747.

[104] 丁永生，应浩，邵世煌．模糊系统逼近理论：现状与展望．信息与控制，2000，29(2)：157－163.

[105] 曾珂，张乃尧，徐文立．线性 T－S 模糊系统作为通用逼近器的充分条件．自动化学报，2001，27(5)：606－612.

[106] 谢新民，丁锋．自适应控制系统．北京：清华大学出版社，2002.

[107] 张天平．间接自适应模糊控制器的设计与分析．自动化学报，2002，28(6)：977－983.

[108] 丁刚，张曾科，韩曾晋．非线性系统的鲁棒自适应模糊控制．自动化学报，2002，28(3)：356－362.

[109] Ljung Lennart. User's guide of system identification toolbox for use with MATLAB，version 5. 2001.

[110] Ravn O. On-line system identification and adaptive control using the adaptive blockset. In：Proceeding of IFAC Symposium on System Identification，SYSID'2000，Santa Barbara，CA，USA，June 2000.

[111] The Adaptive Block (TAB) [Online]，Available：http：//

www. oersted. dtu. dk/ personal/or/TAB/.

[112] Cervin A. , Henriksson D. , Lincoln B. , Eker J. , Arzen K. E. How does control timing affect performance? analysis and simulation of timing using jitterbug and true time [J]. IEEE Control Systems Magazine, 2003, 23(3): 16 - 30.

[113] Cervin A. , Lincoln B. Jitterbug 1. 1 - reference manual. Technical Report ISRN LUTFD2/TFRT - 7604 - SE, January 2003. Department of Automatic Control, Lund Institute of Technology, Lund, Sweden.

[114] Henriksson D. , Cervin A. , True time 1. 13 - reference manual. Department of Automatic Control, Lund Institute of Technology, Sweden, October 2003.

[115] Creating Graphical User Interfaces(Version 1. 0) Matlab User Manual [Online], Available: http//www. mathworks. com.

[116] 尹泽明,丁春利. 精通 MATLAB 6. 北京: 清华大学出版社, 2002 年 6 月.

致 谢

首先要衷心感谢我的指导老师费敏锐教授，他是我学习和研究的引路人. 费老师 1997 年指导了我的学士论文，当我升入本校攻读硕士学位，费老师也是我的硕士导师，是他使我对从事自动控制方面的研究产生了强烈的兴趣. 此后，我有机会在费老师门下继续从事博士论文工作，也有幸参与了国家自然基金课题并以此作为博士论文的研究背景. 期间，从最初的论文选题、立题开始，到研究方案、路线的确定直至论文撰写过程中，他一直关心着我的进展并给予我以悉心的指导，倾注了大量的时间和心血，使我在科研水平和专业知识水平上有了很大的提高. 记得开题之初，费老师手把手地教我如何从大量文献中追根溯源选择新的研究方向和切入点，他宽广的知识面、对于学科前沿的充分理解与把握常常令我佩服不已. 在研究过程中，他定期召集与课题有关的学术讨论，通过与课题组其他成员以及外校老师的频繁学术交流，使我获得了许多重要的启发. 更为重要的是，正是这种密切的交流与合作，令我懂得了如何与其他人相处，也理解了团队精神对于促进个人发展和项目成功双赢的重要性. 而在论文撰写过程中，更是处处体现着费老师诚信求真、严谨细致的治学态度：每一次实验数据的获取都要求做好记录备查；每一条定理的推出都要求区分哪些是借鉴前人已有的结果，哪些是自己的工作；论文的结构、行文甚至标点符号的使用他都不厌其烦地多次修改，力求精益求精. 在即将完成这篇论文之际回首一瞥，跟随费老师已经整整九个年头了，费老师严谨的治学精神、科学的研究方法和认真的工作态度将使我终身受益.

同时特别感谢课题组的谢贤亚教授，1982 年至 1995 年间谢老师三次赴澳大利亚进行访问研究，分别在纽卡斯尔大学和墨尔本大学做访问学者.回国后,他承担了多项国家自然基金项目,在自动控制领域和电力市场领域是具有相当影响力的学者.从2003年开始又参与了本项目的研究工作,作为一个年近七旬的老教授,退休后仍然孜孜不倦地坚守在科研第一线,无声无息、无怨无悔地做出无私的奉献,甘做年轻人前进的铺路石.凭着学术上高深的造诣,谢老师帮我拓宽了思路,确定了研究重点,抱病修改了我的博士论文,没有谢老师的帮助,就没有这篇博士论文的顺利完成."太上立德,其次立功,其次立言",从费老师和谢老师身上,我真正感受到了如何做人、做事和做学问,这对于我今后的发展也有重要的帮助.

感谢英国Sussex大学的杨泰澄博士,他提出了许多宝贵的建议,使我受益匪浅.另外,课题组的周晓兵同学,易军同学从不同方向进行研究,给我许多有益的启发;许哲锋同学和宋海虹同学承担了学术资料的整理、实验数据的采集和软件的测试和维护等琐碎而繁杂的工作,在此对他们一并表示感谢.

感谢教研室的陈荣保老师、程武山老师、冯冬青老师、李斌老师、付敬奇老师、郎文鹏老师、赵维琴老师、李昕老师、孙鑫老师、黄慎之老师、张美凤老师,以及陈维刚同学、姚骏同学、张坚同学、范志舟同学、王枫同学、丁磊同学和朱磊同学,在上海大学多年的求学过程中他们一直关心支持着我.此时也特别想念在加拿大的邱云超老师和周蓉老师夫妇,已经毕业的毛彦科同学、李旭同学和吴晔同学,他们常常关心着我的论文工作,一封封轻松诙谐的电子邮件、一个个亲切感人的越洋电话是最好的鼓励和支持.

感谢上海大学所提供的必不可少的基础和条件,学校十年来飞速发展所带来的优越的研究条件、舒适的实验环境和快捷的文献检索资源为研究工作和论文撰写提供了重要的支撑.

最后,衷心感谢我的父母和兄嫂,他们的默默鼓励和支持是最强大的温暖和依靠,是论文最终完成的最大动力.多年的求学过程是"痛并快乐着"的历练,这一切只有与家人们一起承担与分享,才能感受到其中的滋味.愿父母身体健康,兄嫂事业成功!